MIT KOSMOS MEHR ENTDECKEN
EXPERTEN WISSEN
VON DEN PROFIS
SEIT 1822

500 PRAXISTIPPS — FÜR JÄGER

Erfolgreich durch den Jagdalltag

GERT G. VON HARLING
CARSTEN BOTHE

KOSMOS

INHALT

EQUIPMENT UND AUTO

TIPPS FÜR – AUSRÜSTUNG, AUTO, KLEIDUNG

Auch wenn das Jagen mitunter mühsam und anstrengend ist, soll es Freude bereiten. Einige Ratschläge, damit die anstrengende Pirsch durch Feld und Wald nicht durch falsche Ausrüstung getrübt, der lange Ansitz in eiskalter Vollmondnacht nicht zur Strapaze wird.

1 „Lautlose“ Gehörschützer

Der Gebrauch von Gehörschützern setzt sich auch im Jagdbetrieb durch. Beim Anbacken stößt bei Ungeübten anfänglich der Schaft mitunter so an die Ohrschützer, dass es klappert und Wild verschreckt. Klebt man auf die Unterseite der Kapseln dickes Schaumstoffband, ist der Anschlag nicht zu vernehmen.

Einweghandschuhe: Für saubere Hände beim Aufbrechen.

2 Aufbrech-Einmalhandschuhe

Einweg-Handschuhe gibt es günstig in 100er-Pack. Auch wenn Sie lieber mit blanken Händen arbeiten, ist das Waschen hinterher nicht immer sofort möglich. Nach dem Aufbrechen einfach ausziehen und Sie haben wieder saubere Hände, was dem Wiederverkaufswert des zur Jagd genutzten Familien-Autos zugutekommt.

3 Bergstock (fast) kerzengerade

Haselschösslinge sind meist gerade gewachsen, dazu leicht und eignen sich hervorragend als Bergstock. An einem schattigen Ort hängt man ihn mit dem dünnen Ende nach oben auf, an das dicke Ende bindet man einen Backstein. Die Rinde sollte am Stock bleiben. Nach einem Jahr ist der Bergstock ausgetrocknet. Um ihn kerzengerade zu bekommen, erwärmen sie ihn vorsichtig an der krummen Stelle mit einem Heißluftföhn oder über einem Grill. Sobald das Holz durchgewärmt ist und weich wird, biegen sie ihn eingeklemmt in einer Astgabel gerade und halten ihn einen Moment. Sobald er wieder ausgekühlt ist, behält der seine Form.

4 Buchenholzteer und saubere Hände

Wenn die Hände mit Buchenholzteer in Berührung kommen, riechen sie unangenehm und sind schwierig zu reinigen. Saubere Finger behält man, wenn man den Pinselstiel von unten durch den Deckel des Teerbehälters drückt. So dient der Deckel als Tropfschild, der Teer läuft nicht am Stiel hinunter und beschmutzt die Hände. Ist der Malbaum angestrichen, kann der Pinsel im verschlossenen Glas bleiben.

Hier hängen die Haselstecken zum Trocknen, damit aus ihnen einmal gute Bergstöcke werden.

5 Das Ende eines Bergstocks

Im Forsthandel werden Gummigriffe für Schäleisen angeboten, die sich hervorragend als Abschluss eines Bergstockes eignen. Das andere Ende des Stockes wird mit einer Zwinge versehen. Dazu wird von einer Hacke das Blatt abgeschnitten. Die Hacken haben oft eine erstklassige Tülle, die einen zünftigen Abschluss für den Bergstock ergibt.

Aus einer kleinen Hacke …

… wird ein Ende für den Bergstock.

6 Der selbst gezogene Pirschstock

Normale Hasel findet man vielerorts, eine knorrige aber muss man lange suchen – oder selber ziehen. Dazu wählt man einen Schössling aus, der gerade gewachsen ist, aber noch einige Jahre bis zur gewünschten Stärke braucht. Mit dem Messer schneidet man alle fünf Zentimeter eine kleine Kerbe in die Rinde, bis der Stab rundum und von oben bis unten eingekerbt ist. An diesen Stellen überwallt der Hasel die Wunden, und nach zwei Jahren hat man einen Bergstock, der herrlich griffig ist. Man darf aber keinesfalls einen Ring um den Stamm schneiden, der Busch geht sonst ein.

Aus der Hasel wird ein selbst gezogener und griffiger Bergstock.

7 Der Windprüfer aus dem Müllbeutel

Die dünnen Plastikschnüre zum Zubinden von Müllbeuteln eignen sich hervorragend als Windanzeiger. Sie sind so leicht, dass sie, in die Höhe gehalten, schon auf den leisesten Windhauch reagieren.

Schnüre zum Zubinden von Müllbeuteln eignen sich als Windanzeiger.

8 Ein Stuhl als „drittes Bein“

Im Handel erhältliche Sitzstöcke sind verhältnismäßig einfach so umzurüsten, dass sie auch als Zielstock verwendet werden können.
Die Krücke wird entfernt und an deren Stelle – je nach Größe des späteren Benutzers – ein ungefähr ein Meter langer Stab mit einer Gabel als Abschluss befestigt. So hat man nicht nur einen vielseitigen Pirschstock, sondern gleichzeitig einen Sitz mit Auflagemöglichkeit für Gewehr oder Fernglas.

9 Fleckige Messer

Messerklingen aus nicht rostfreiem Stahl werden beim Schneiden von Obst schnell unansehnlich. Durch Abreiben mit einer rohen Kartoffel oder einem Korken und Autopolitur lassen sich die Flecken leicht entfernen.

Mit Korken und Chrompolitur abgerieben – schon glänzt es wieder.

Damit nichts klappert, wird der Riemen ein zweites Mal durch die Lasche gezogen.

Ein aufgeschlitztes Stück Gartenschlauch „entschärft" die schärfste Axt im Nu.

10 Flüsterrucksack

Offene Metallschnallen klappern, besonders, wenn es sich um sogenannte Rollschnallen handelt. Deswegen sollten alle Schnallen am Rucksack geschlossen sein, auch wenn die Taschen leer sind. Zieht man das Ende des Verschlussriemens ein zweites Mal durch die Schnalle, klappert nichts mehr.

11 Gartenschlauch erhält die Schärfe

Je schärfer Geräte sind, desto einfacher lässt sich mit ihnen arbeiten, aber desto größer ist auch die Verletzungsgefahr. Um Sägeblätter oder Axtklingen (für den Transport) zu „entschärfen", stülpt man ein Stück aufgeschlitzten Gartenschlauch über die Klinge und die Gefahr ist gebannt.

12 Immer warme Nieren

Ein Stück Isomatte im Jagdrucksack hilft, wenn sich beim Winteransitz die Kälte in der Nierengegend bemerkbar macht. Schiebt man es unter die Kleidung vor die Nierenpartie und lehnt sich bequem an die Rückenlehne, wird der Rücken schon nach kurzer Zeit wieder warm.

13 Isolierband gegen verräterisches Klappern

Damit Reißverschlüsse aus Metall oder hartem Plastik an der Jagdkleidung nicht klappern, kann man die kleinen Griffstücke mit weichem Isolierband umwickeln.

14 Kanister wird zur Wildwanne

Auf landwirtschaftlichen Betrieben fallen große Plastikbehälter oder Kanister als Einwegverpackung an. Die Landwirte sind mitunter dankbar für Abnehmer, da die Behältnisse umweltschonend entsorgt werden müssen. Sie können einfach zu praktischen Wild- oder Transportwannen umfunktioniert werden. Mit einer Stich- oder feinen Handsäge wird der Kanister in der Mitte der Längsachse durchgesägt und man erhält zwei (fast) unverwüstliche Wannen. Ein Plastikkanister von 20 Litern lässt sich mit einem Fuchsschwanz oder einer elektrischen Stichsäge bei entsprechender Schnittführung (s. Abb.) problemlos auch zu einem wasserdichten und stabilen Behälter für Werkzeug oder einer großen Handschaufel für z. B. Wildfutter umfunktionieren.

15 Kein Klappern des Riemenbügels

Beim Ansitz gilt es, jedes Geräusch zu vermeiden. Gummidichtungen von Bierflaschen mit Bügelverschluss eignen sich vorzüglich, Klappern der Riemenbügel auszuschließen. Sie werden über die Riemenbügel gestreift und verhindern so deren Klappern.

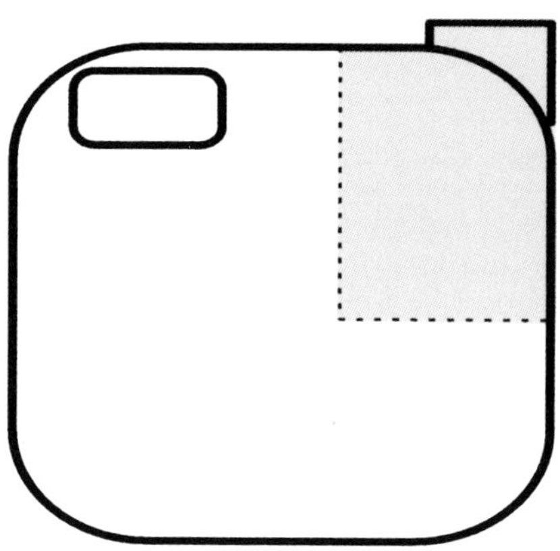

Entlang der gestrichelten Linien sägen: So lässt sich eine praktische Trage ...

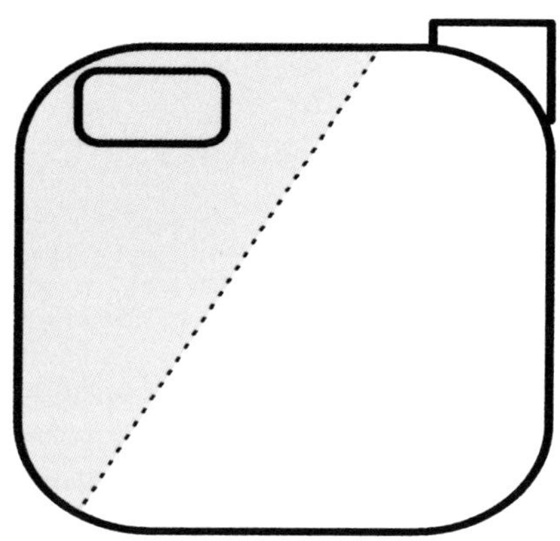

... oder wie hier eine Schaufel aus einem Plastikkanister herstellen.

Mit Leuchtband markiert, findet sich das Jagdmesser leichter wieder.

Der Riemenbügel ist mit Gummi ruhiggestellt.

16 Klappern gehört (nicht) zum Handwerk

Zweiteilige Schießstöcke klappern leicht, wenn sie ausgetrocknet sind und sich verzogen haben. Um die verräterischen Geräusche zu unterbinden, braucht man nur um jeden der beiden Stöcke in unterschiedlicher Höhe ein Lederbändchen zu wickeln und schon hat man Ruhe.

17 Leuchtband weist den Weg

Reflektierendes Klebeband auf dem Griff des Jagdmessers bewahrt vor dem Verlust des guten Stückes. Findet man das Messer oder die Scheide im Dunkeln nicht auf Anhieb, leuchtet man den Boden mit der Taschenlampe ab, schon strahlt es einem beim ersten Anleuchten entgegen.

Vielseitig nutzbarer Plastikkanister.

18 Mehrfachnutzen der Regentonne

Kunststofftonnen, die unter der Dachrinne das Regenwasser auffangen, müssen vor dem Wintereinbruch geleert und in einen schützenden Raum gestellt werden, damit sie bei Frost keinen Schaden nehmen. Sie lassen sich dann gut als kleine Silos für Getreide oder Trester für die Wildfütterung verwenden. Man kann sie in der Kelterei oder im Futterschuppen füllen und gleichzeitig als Transportmittel verwenden, muss allerdings darauf achten, dass das Wildfutter abgedeckt ist, um längere Haltbarkeit zu gewährleisten.

19 Mit der Winde aus der Decke

Ein Stück (Rot-)Wild wird am Unterkiefer mit einem stabilen Haken an einen festen Balken gehängt, die Decke am Beginn des Trägers etwa 10 bis 15 Zentimeter vom Wildkörper gelöst und mit einem reißfesten Seil zusammengebunden. Mit der Winde des Autos wird dieses Seil langsam vom Wildkörper fortgezogen. Wenn es „hakt", wird mit dem Nicker nachgeholfen. Selbstverständlich lässt sich auch der Flaschenzug in der Wildkammer einsetzen.

20 Mit warmen Hintern ist's gut Überwintern

Gesäß und Füße kühlen beim Winteransitz nicht so schnell aus, wenn man sich auf eine isolierende Unterlage setzt oder stellt. Gut geeignet sind Schaumstoffe oder Isomatten (aus dem Outdoorshop). Man schneidet sie in handliche Stücke und erhält daraus bequem zu transportierende perfekte Sitz- und Fußkissen.

21 Nach allen Seiten gewappnet

Eine gefaltete Plastiktüte auf nassen Sitzbrettern ausgebreitet, verhindert einen feuchten Hosenboden. Ebenso entscheidend ist: Mit dem Gesäß gleitet man besser hin und her, die Bewegungen nach allen Seiten lassen sich müheloser ausführen.

22 Netz statt Hühnergalgen

Flugwild lässt sich in einem Netz an der Jagdtasche bequemer als an einem Hühnergalgen tragen. Selbst ein Hase findet darin Platz, und nichts baumelt an der Tasche herum. Das Netz verhindert zudem, dass das Wild verhitzt.

23 Perfekte Revierkarten vom Katasteramt

In Deutschland gibt es keinen Punkt, der nicht vermessen, kartiert und beim Katasteramt in der

Ein Stück Isomatte dient als wärmende Sitzunterlage.

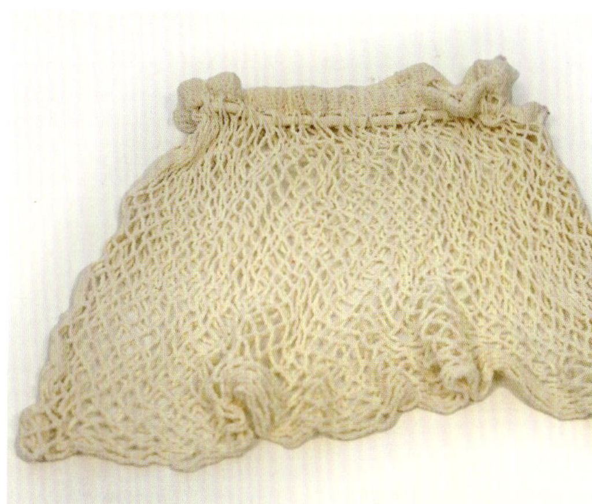

Netz statt Hühnergalgen: Da schleift kein Wild mehr an der Erde.

Revierkarte: Hier können Hochstände eingezeichnet werden.

Markierung am Pirschstock: So hoch reicht der Gummistiefel.

Deutschen Grundkarte im Maßstab 1:5.000 archiviert ist. In diesen Karten sind auch Straßen, Grundstücksgrenzen, Bodennutzung, Bewuchs, Gebäude, Naturdenkmäler und Vermessungspunkte eingezeichnet. Zusätzlich kann das Katasteramt mit Luftbildaufnahmen dienen.

24 Praktische Markierung

Markiert man am Pirschstock vor dem Durchwaten eines Flusses die Höhe des Gummistiefels, lässt sich damit die Wassertiefe abtasten und man weiß, wie weit man gehen kann, ohne nasse Füße zu bekommen.

ZUSATZTIPP Die Karten hängt man, idealerweise laminiert, z. B. mit Magneten am Waffenschrank auf, oder zieht sie auf „Kapafix“. Letzteres erhält man im Bastelgeschäft als große Tafeln. Eine Seite ist mit selbstklebender Folie beschichtet, auf die man die Karte aufkleben und mit Nadeln die einzelnen Reviereinrichtungen kennzeichnen kann.

25 Profiwerkzeug für große Strecken

Wer große Strecken verarbeiten muss, braucht dafür keine handgemachten Messer von hoher Qualität. Sie halten zwar die Schärfe länger, sind aber nur schlecht nachzuschleifen. Ein Kompromiss zwischen Schnitthaltigkeit und Haltbarkeit bietet sich an. Je härter eine Klinge, desto schnitthaltiger ist sie, aber auch spröder und schwerer nachzuschleifen. Eine weichere Klinge hält die Schärfe nicht sehr lange, ist aber flexibel, bricht nicht so leicht aus und lässt sich leicht nachschleifen. Bei der Verarbeitung von Schalenwild braucht's ein Messer, das ebenso gut Schlossknochen durchtrennt, wie Rippen auslöst. Harren mehrere Stücke Schalenwild der Weiterverarbeitung, sollte man mit bewährtem Profiwerkzeug arbeiten. Profis nutzen Messer in der Preisklasse von 15 bis 30 Euro. Ist eins stumpf, nimmt man ein anderes, und später werden alle in einem Rutsch nachgeschliffen, was die im Arbeitsablauf störende Rüstzeit wesentlich verkürzt.
Hervorragend für das Aus-der-Decke-Schlagen und Ausbeinen geeignet sind sogenannte Ausbeinmesser, deren Klingen flexibel sind. Solche Messer werden mit der Klinge nach unten geführt! Dadurch bleibt die Hand entspannter, die Arbeit ist weniger anstrengend.

Beil, Schere, Wetzstahl, Stechschutzhandschuh, Ausbeinmesser.

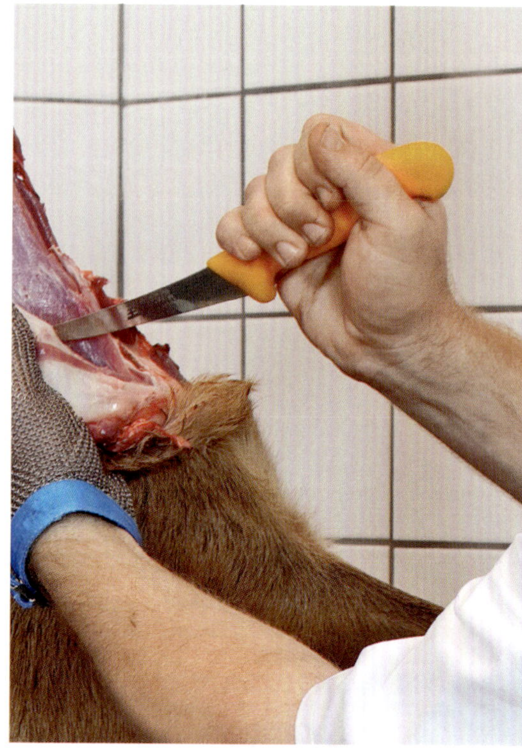

Die Klinge des Profi-Ausbeinmessers sorgt für ermüdungsarmes Arbeiten.

26 Rehwildtrage im Eigenbau

So wird mithilfe eines 20 Zentimeter langen Gartenschlauchstücks, besser noch zwei unterschiedlich starker und ineinandergesteckter Stücke eine praktische Wildtrage. Die Enden einer ungefähr einen Meter langen, stabilen Kordel werden zusammengeknotet und durch den dünnen Abschnitt des Schlauches geschoben. Letzterer wiederum steckt in dem stärkeren Ende des anderen Schlauchstücks. An den heraushängenden Ösen kann ein starker Schlüsselring befestigt werden, um ein Durchrutschen zu verhindern und das Anlegen einer Schlinge zu erleichtern. Um ein Stück Rehwild zu tragen, muss der Jäger nur die Vorder- und

Eine Wildtrage aus einem Stück Gartenschlauch und einer Kordel.

Hinterläufe durch die herausragenden Schlingen stecken – und kann sich so das Stück über die Schulter hängen. Natürlich bietet sich das handliche Utensil auch für das Tragen von Flugwild an. In jeden Ring einen Hühnergalgen geklinkt, verteilt sich die Beute gut auf der Schulter, und man kann ohne nennenswerte Behinderung noch schießen. Weil sich die ineinandergesteckten Gartenschläuche kaum biegen, drücken sie auch bei stärkerer Belastung die Schultermuskulatur kaum ab und sorgen für günstige Gewichtsverteilung.

27 Rucksackriemen waffenfreundlich

So mancher Schaft eines Gewehres wurde bereits an den Metallschnallen der Tragriemen von Rucksäcken zerkratzt. Auch ungewollte Geräusche, wie das Klappern von Metallteilen gegeneinander, werden vermieden, wenn man das Stück eines Fahrradschlauches über Haken, Schnallen oder einen Ring der Rucksacktragriemen schiebt.

28 Schach den rutschenden Rucksackriemen

Wird ein Stück Fahrradschlauch von der Länge der Rucksacktrageriemen über dieselben gezogen, gehört das Rutschen des „Hasensarges“ der Vergangenheit an. Eine weitere Methode besteht darin, einen zusätzlichen Brustriemen zu verwenden. Die Riemen liegen dann bequemer auf der Schulter und man hat mehr Bewegungsfreiheit, auch beim Schießen.

So „entschärft“, kann der Rucksackriemen der wertvollen Waffe nicht schaden.

Aus den Hälften eines aufgetrennten Holzrundstabs entsteht mithilfe einer Verbindungsschraube eine praktische Schießschere.

29 Schießschere aus halben Holzstäben

Eine Gardinenstange aus Holz oder einen dicken, ungefähr zwei Meter langen Rundstab lässt man im Baumarkt mit der Kreissäge der Länge nach halbieren. Eine gute Handbreit unter dem einen Ende durchbohrt man beide Hälften und fügt sie mit einer Schraube bzw. Mutter wieder zusammen. Schon hat man eine Schießschere, die nach Abschleifen sämtlicher Kanten einfach zu handhaben ist und im Gegensatz zum einbeinigen Bergstock die Waffe auch seitlich stabilisiert. Zusammengeklappt kann sie wie ein Pirschstock geführt werden. Ein kleines Gummi oder Lederriemchen, am unteren Ende um den Stock gewickelt, verhindert das ungewollte Auseinanderklaffen.

30 Standfester Sitzstuhl

Um mit seinem dreibeinigen Sitzstock nicht im weichen Erdboden zu versinken, bohrt man in das untere Ende eines jeden Beines ein Loch, zieht eine Schnur hindurch und verbindet die drei Holme. Es kann noch so matschig sein, der Stuhl wird nur noch minimal einsinken.

31 Billige Trichter

Wie oft braucht man Trichter, um beispielsweise Petroleum in die Lampe zu füllen, den Flachmann zu beschicken oder das „Fichtenmoped“ aufzutanken? Einfache Trichter lassen sich aus Plastikflaschen herstellen, denen man den Boden abschneidet.

ZUSATZTIPP Auch zwei kunststoffummantelte, runde Aluminium-Pflanzstäbe aus dem Baumarkt lassen sich zu solch einer Schießschere zusammenbauen. Als Pirschstock eignen sie sich nicht so gut wie zwei Holzstabhälften, sind allerdings deutlich leichter.

Trichter aus Plastikflasche:
Einfach den Boden entfernen.

Inhalt einer Munitionskiste, die mit Zahlenschloss gesichert wird.

32 Vielseitiger Krückstock

Der gute und seit Generationen bewährte Krückstock lässt sich nicht nur als Gehhilfe verwenden. Steckt man die Krücke in die Hosen- oder Jackentasche und legt an der Stockspitze entweder den Gewehrvorderschaft oder auch das Spektiv auf, wird er zur brauchbaren Zielhilfe bzw. zum Stativ. Der Krückstock ist auch eine Hilfe beim Wildtransport, wenn er durch die zusammengebundenen Läufe geschoben wird, oder kann als Knebel am Schleppseil dienen. Auf dem Hochsitz ist er ebenfalls nützlich – sei es als Ellenbogenstütze oder als Werkzeug, mit dem störende Zweige herangezogen oder abgebrochen werden können.

33 Eine Kiste für alles

Munition und andere wichtige Dinge für die Jagd, die man immer mal braucht, sind in einer Munitionskiste super untergebracht. Ich habe mir eine Kiste gepackt mit allen Munitionsarten, die ich verwende. Diese steht im Munitionsschrank und ich nehme sie einfach mit, wenn ich mir eine Waffe hole. So kann es nicht vorkommen, dass Sie mit dem Drilling rausgehen, aber nur die Munition für die Drückjagdbüchse dabeihaben. Weitere Utensilien in der Kiste sind Ersatzbatterien, eine Stirnlampe, Waffenöl, Reinigungsschnüre, Ersatzmesser, Einweg-Handschuhe, Insektenschutz und eine Rolle Küchentuch. Verschlossen wird die Kiste rechtskonform mit einem Zahlenschloss.

Praktische Aufbewahrung: Ersatzbatterien in der Hülle des Jagscheins.

34 Ersatzbatterie immer dabei

Für Zielfernrohre mit Leuchtpunktabsehen braucht man Batterien, die im entscheidenden Moment leer sein können. Abhilfe ist leicht: Einfach eine Ersatzbatterie zum Jagdschein legen. denn den hat man immer auf der Jagd dabei.

35 Licht im Dunkeln

Licht ist immer ein Problem bei Jagden im Winterhalbjahr. Teilweise ist es bereits um 17 Uhr stockdunkel und mit Taschenlampen und im Schein der Autoscheinwerfer wird versucht sauber aufzubrechen. An das Licht denkt kaum jemand, denn bei der Planung im Sommer ist es ja lange genug hell. Früher musste man sich mit Fackeln oder Schwedenfeuern behelfen, das ist heute glücklicherweise nicht mehr der Fall. Durch die enorme Weiterentwicklung der LED-Technik gibt es Baustrahler mit Akku, die Licht für 500 Watt geben, und das sechs bis sieben Stunden mit nur einer Ladung. Auch handelt es sich um ein diffuses Licht, das für das Arbeiten besser geeignet ist als eine normale Taschenlampe mit einem Spot.

36 Wohin mit dem Messer?

Beim Arbeiten mit dem Messer stellt sich oft die Frage, wohin damit, wenn Sie beide Hände frei brauchen? Meist legt man es neben das Stück ins

Laub und es ist verschwunden. Vernünftiger ist es, dieses unter die linke Achsel zu klemmen. Probieren Sie es aus, es geht erstaunlich gut!

37 Zahlenschloss spart Schlüssel

Waffen dürfen bekanntlich nur in verschlossenen Futteralen transportiert werden. Früher habe ich mich mit kleinen Vorhängeschlössern mit winzigen Schlüsseln abgequält. Viel praktischer sind große Zahlenschlösser, so sie denn an den Reißverschluss passen. Diese lassen sich auch mit klammen Fingern noch gut bedienen und man braucht keinen Schlüssel. Die Schlösser gibt es auch in Signalfarben, sodass man sie im dunklen Kofferraum leichter findet. Bei mehreren Schlössern habe ich die gleiche Kombination eingestellt, das vereinfacht die Handhabung noch mehr. Sie können bei Zahlenschlössern auch unbegrenzt nachkaufen, bei normalen Schlössern haben Sie für jedes Schloss einen anderen Schlüssel.

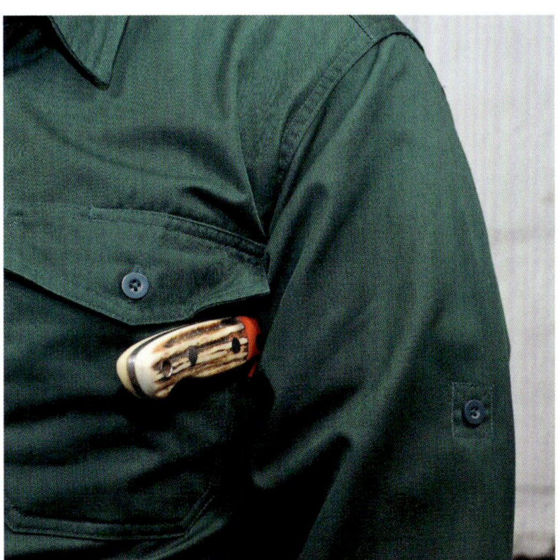

Praktisch ist es, das Messer unter die Achsel zu klemmen.

38 „Gummipirsch" mit Handbremse

Fährt man auf der „Gummipirsch" Schrittgeschwindigkeit mit dem Auto und bremst nur mit der Handbremse, leuchten die Rücklichter nicht auf und warnen das Wild.

Ein auffälliges Zahlenschloss für das Waffenfutteral.

Baustrahler: mit LED-Technik, Akku und 500 Watt Lichtstärke.

39 „Plattfuß" greift besser

Mahlen sich die Räder des Geländewagens im losen Sand oder tiefen Morast fest, lasse man so viel Luft aus den Reifen, dass sie fast platt sind. Sie haben dann auf größerer Fläche Kontakt zum Boden und werden das festgefahrene Gefährt wieder herausbringen. Anschließend wird natürlich in mäßigem Tempo umgehend zur nächsten Tankstelle gefahren und der richtige Reifendruck wieder hergestellt.

Ein starkes Brett am Auto erleichtert die Wildbergung.

40 Auf der schiefen Bahn

Führt man ein starkes, langes Brett im Auto mit, kann die Wildbergung zum Kinderspiel werden. Ein erlegtes Stück Wild braucht man nicht mit großem Kraftaufwand in den Kofferraum zu hieven, sondern kann es rückenschonend auf der „schiefen Ebene" bequem hineinziehen.

Glycerin hält Gummidichtungen elastisch und verhindert das Zufrieren der Autotüren.

41 Das Auto bleibt sauber

Um den Innenraum des Jagdwagens nicht zu beschmutzen, kann man das Auto mit einem (zwei mal zwei Meter) großen Stück Teichfolie auslegen (aus dem Bau- oder Gartenmarkt). Sie kann man jederzeit wieder platzsparend zusammenlegen oder -rollen.

42 Gegen zugefrorene Autotüren

Damit die Gummidichtungen der Autotüren nicht aneinanderfrieren und sich auch bei Frost öffnen lassen, werden sie mit Glyzerin eingerieben. Das wirkt wasserabstoßend und hält sie elastisch.

Ein offen liegendes Gewehrfutteral zeigt: Hier ist nichts zu holen.

43 Gewehrfutterale im Auto

Verlässt man vor dem Ansitz das Auto, sollte man das leere Gewehrfutteral entweder unsichtbar (bei einigen Kombis schlecht möglich) oder geöffnet verstauen. So werden potenzielle Langfinger nicht in Versuchung geführt, das Auto aufzubrechen, weil sie auf eine Waffe hoffen.

44 Keine Schaufel im Auto?

Ist das Auto im Schnee oder in losem Sand festgefahren und keine Schaufel zur Hand, kann man sich mit einer Radkappe behelfen.

45 Kleine Garage, großer Geländewagen

Ein Tennisball, der in entsprechendem Abstand zur Garagenwand bis auf Höhe der Windschutzscheibe herabhängt, berührt beim Einparken die Scheibe und zeigt an: bis hierher und nicht weiter.

46 Marderabwehr

Mausefallen helfen nicht nur gegen Mäuse, sondern auch gegen unerwünschte Autobesucher wie Marder oder Bilche. Mehrere Fallen fängisch gestellt und unter der Kühlerhaube oder an anderen gefährdeten Stellen platziert, lassen die unwillkommenen Herrschaften den Ort für immer meiden, wenn sie Bekanntschaft mit den Fallen gemacht haben.

Der Ölmessstab des Autos spendet einen Tropfen Öl.

47 Nur ein Tröpfchen Öl

Benötigt man für den klemmenden Wagenheber, schwergängige Radmuttern oder andere Gelegenheiten etwas Öl, hat aber keine Kanne zur Hand, spendet dies der Ölmessstab des Autos.

48 Pirschstock einfach verstaut

Oftmals ist es mühsam, einen mannshohen Pirschstock in einer Limousine unterzubringen, ohne den „Himmel" oder die Polster zu beschädigen. Dabei geht es ganz einfach: Viele Autos haben in der hinteren Sitzbank eine Aussparung für Skier. Diese wird geöffnet, und schon kann der lange Stock durch den Kofferraum hineingelegt werden. Das schmutzige untere Ende bleibt im Kofferraum, das saubere liegt auf der Rückbank.

49 Schneeketten im Sommer

Selbst mit geländegängigen Fahrzeugen hat man mitunter Schwierigkeiten, durchs Revier zu fahren, wenn heftige Platzregen oder starke Gewitter die Wege in wahre Schlammbahnen verwandelt haben. Guter Rat ist nicht teuer, wenn man Schneeketten im Auto mitführt. Sie helfen nicht nur bei Eis und Schnee, sondern sorgen auch im Sommer für festen Griff.

50 Schweißflecken auf den Polstern?

Schweiß lässt sich von Stoffbezügen entfernen, indem man ihn mit einer Paste aus Stärkemehl und kaltem Wasser einreibt, das Gemisch trocknen lässt und wieder abreibt. Wenn nötig, wird der Vorgang wiederholt, bis die Flecken verschwunden sind.

Die Anhängerkupplung kann als Stiefelknecht nützliche Dienste tun.

51 Stiefelknecht immer parat

Eine Anhängerkupplung eignet sich gut als Stiefelknecht. Kommt man von der Jagd, sind die Schuhe oft verschmutzt. Legt man sie in die Anhängerkupplung, kann man sich des Stiefels entledigen, ohne sich die Hände dreckig zu machen. Außerdem hat man die Ersatzschuhe aus dem Kofferraum griffbereit.

52 Tageszeitung gegen Nässe

Eine unter die Fußmatten des Autos gelegte Zeitung saugt Feuchtigkeit auf und verhindert stehende Nässe, die zum Durchrosten führen kann. Das Papier muss von Zeit zu Zeit gewechselt werden.

53 Verkehrt herum schwappt nicht!

Müssen Sie Ihr Auto aus einem Kanister betanken und hat die Auslauftülle keinen Lufteinlass, drehen Sie die Kanisteröffnung nach oben – so schwappt es nicht.

Zeitung unter der Fußmatte saugt Feuchtigkeit auf.

54 Immer saubere Autositze

Ich lasse immer einen Sitzfilz auf dem Autositz liegen. Kommt man vom Ansitz, hat man oft Farbe vom Moos der Sitzbalken des Hochsitzes Erde oder Feuchtigkeit an Hose bzw. Mantel. Der Filz schont den Autositz.

55 Wecker gegen Automarder

Marder haben eine Vorliebe für Plastikleitungen. Sobald einer der Unholde seine Duftmarke unter der Kühlerhaube eines Autos hinterlassen hat, suchen andere Marder das Fahrzeug regelmäßig wieder auf und knabbern an den Kabelisolierungen. Legt man einen Wecker in den Motorraum, hält dessen Ticken die Störenfriede weitgehend fern.

56 Wenden im Wald

Beim Wenden auf einem Weg sollte man mit der Antriebsachse möglichst immer auf dem festen Rand bleiben. Bei Autos mit Heckantrieb wird daher mit den Vorderrädern von der Straße gefahren, die Hinterräder bleiben auf dem Weg. Beim Frontantrieb läuft es entsprechend umgekehrt: Man stößt mit dem Heck von der Straße in die Wiese, die Vorderachse des Fahrzeugs bleibt auf festem Boden und kann gegebenenfalls das Fahrzeug aus dem Schlamm ziehen.

57 Wenn Jacken schmelzen

Sitzheizungen sind zwar sehr komfortabel, aber Obacht: Die Wärme kann dazu führen, dass das Wachs von Jacken, wie z. B. von Barbour, schmilzt, die Kleidung regendurchlässig wird und die Autositze verschmutzen.

58 Wildwanne mit doppeltem Boden

Legt man einige Latten in die Wildwanne und darauf ein Stück Kotgrubengitter oder dickes Drahtgeflecht, dringt auch von unten Luft an das zu transportierende Stück Wild und es kühlt schneller aus. Außerdem liegen die Stücke nicht im eigenen Schweiß und bleiben ansehnlich.

Ein tickender Wecker im Motorraum hält Automarder fern.

In der Wanne mit doppeltem Boden wird erlegtes Wild schonend transportiert.

Klappspaten besser nicht im Kofferraum deponieren.

Neopren-Socken in Gummistiefeln halten Füße mollig warm.

59 Klappspaten immer dabei

In jedes Jagdauto gehört ein Klappspaten, nur meist liegt er im Kofferraum unter allerlei anderen Utensilien und der Wildwanne vergraben. Besser ist es, diesen zwischen Mittelkonsole und Beifahrersitz zu klemmen. So haben Sie ihn schnell zur Hand, wenn Sie das Auto freischaufeln müssen. Er ist auch ein überzeugendes Argument, wenn lichtscheue Gestalten um das Auto herumschleichen.

60 „Einlaufen" neuer Lederschuhe

Neue Stiefel fülle man mit Wasser und lasse sie kurz durchweichen. Anschließend wird das Wasser ausgeschüttet, man schlüpft (mit dicken Socken) in die Schuhe und läuft sie trocken. Das Leder wird sich den Füßen anpassen und nicht drücken.

61 Aus Lang mach Kurz

Ausgediente Gummistiefel, deren Schäfte porös geworden sind, leisten noch gute Dienste, wenn man die Schäfte abschneidet. Aus den hohen Stiefeln werden so Gummischuhe, in die man schnell hineinschlüpfen kann.

62 Aus zwei mach eins

Gummistiefel können mit Neopren-Socken (aus dem Anglerladen) zu mollig warmen Winterstiefeln aufgerüstet werden. Mit den „Einlagen" erhält man für wenig Geld und ohne viel Aufwand zwei Paar Schuhe für jede Jahreszeit. Voraussetzung ist genug Spiel in den Stiefeln.

63 Das „Wende-Tarnnetz"

Herkömmliche Tarnnetze sind grün gefärbt und auf Stoppelfeldern für die Taubenjagd wenig geeignet. Besprüht man sie auf einer Seite mit gelber oder brauner Farbe, erhält man ein Wende-Tarnnetz, das gleichermaßen im Wald, am Mais oder auf dem Stoppelacker gute Dienste leistet.

64 Der gute alte Muff

Um einen Muff herzustellen, benötigt man zwei bis vier gegerbte Marderbälge oder einen Fuchsbalg. Die Kürschner kaufen den fertigen Daunenbeutel für einen Muff beim Großhändler, das Fell wird an die dafür vorgesehenen Laschen genäht. Besonders warm ist der Muff, wenn man einen Taschenofen hineinlegt.

Eine Seite des Tarnnetztes wird mit Farbe besprüht.

Nasse Handschuhe trocknen über einer Plastikflasche.

65 Die Wachsjacke im Backofen

Wenn das Wasser an der Wachsjacke nicht mehr abperlt und sich der Baumwollstoff vollsaugt, fehlt dort Wachs. Da hilft es, Jacke und Ersatzwachs in einen auf 80 °C aufgeheizten Backofen zu stecken. Dort verflüssigt sich das Wachs und kann einfach und bequem, dünn und gleichmäßig auf den warmen Stoff aufgetragen werden.

66 Flasche zum Handschuh trocknen

Nasse Handschuhe trocknet man rasch, indem man sie über eine Plastikflasche stülpt. In die Flasche werden zuvor Löcher gestanzt und der Boden abgetrennt, damit die Luft zirkulieren kann. Über Nacht an einem luftigen Platz oder nahe der Heizquelle deponiert, sind die Handschuhe am Morgen auch von innen wieder knochentrocken.

67 Geflickte Gummistiefel

Ein Loch im Gummistiefel lässt sich wie ein Loch im Fahrradschlauch mit herkömmlichem Flickzeug reparieren. Nach dem Antrocknen des Klebers bestreicht man die Ränder des Flickens noch einmal großzügig mit der Vulkanisierlösung und schon bleiben die Füße bei der Pirsch wieder trocken.

68 Keine Blasen mehr

Drücken die Jagdstiefel oder sind zu eng geworden, reibt man sie mit Spiritus aus, zieht sie an, solange sie noch feucht sind, und läuft einige Zeit mit ihnen – schon sind sie wieder bequem zu tragen!

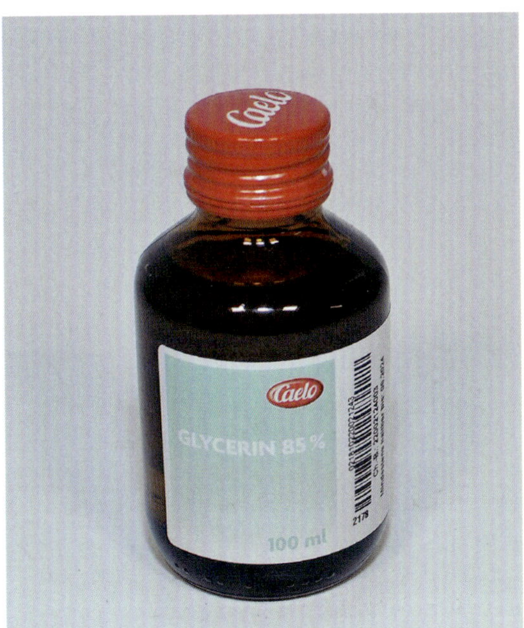

Glyzerin verhindert ein Sprödewerden von Gummistiefeln.

Gummistiefel kann man flicken wie einen Fahrradschlauch.

69 Keine brüchigen Gummistiefel mehr

Wenn die kalte Jahreszeit vorüber ist, werden Gummistiefel kaum noch benötigt. Das bedeutet aber nicht unbedingt weniger Verschleiß. Besonders aus Kautschuk hergestellte Gegenstände werden mit der Zeit mürbe. Das Einreiben mit Glyzerin verhindert ein Sprödewerden. Glyzerin, das auch die Hände pflegt, ist in (fast) jeder Drogerie zu bekommen.

70 Öl gegen Harz

In der Chemie gilt der Grundsatz, Gleiches löst sich Gleichem, Fette lösen sich also in Öl, wässrige Substanzen in Wasser usw. Speiseöl, auf die verharzte Haut, Kleidung o. Ä. verrieben, lässt das harte Baumharz im Nu weich werden und sich lösen. Selbst in den Haaren verklumpte Stücke verschwinden rückstandslos oder lassen sich anschließend mit Seifenlösung auswaschen.

71 Ölbinder in die Stiefel

Nasse Stiefel kann man mit Ölbinder (aus Autowerkstätten) trocknen: Binder einfach in die Stiefel und nach einigen Stunden wieder ausschütten. Er kann auf der Heizung getrocknet und wieder verwendet werden. Als Alternative geht auch Katzenstreu.

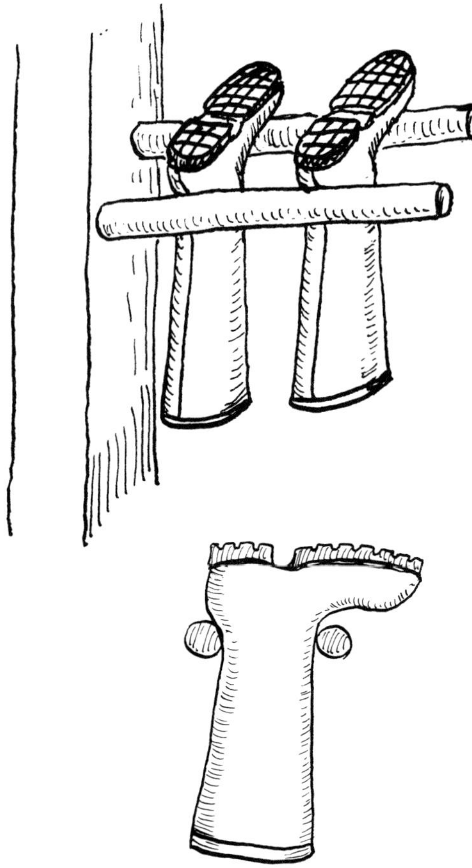

72 Platzsparende Stiefelhalter

Zwei starke Balken, in die für Holzstangen in der Stärke eines Besenstiels passende Löcher gebohrt sind, werden an der Wand befestigt. In die Löcher steckt man bei Bedarf die Stiele und darauf die Stiefel. So sind sie platzsparend untergebracht und können gut austrocknen.

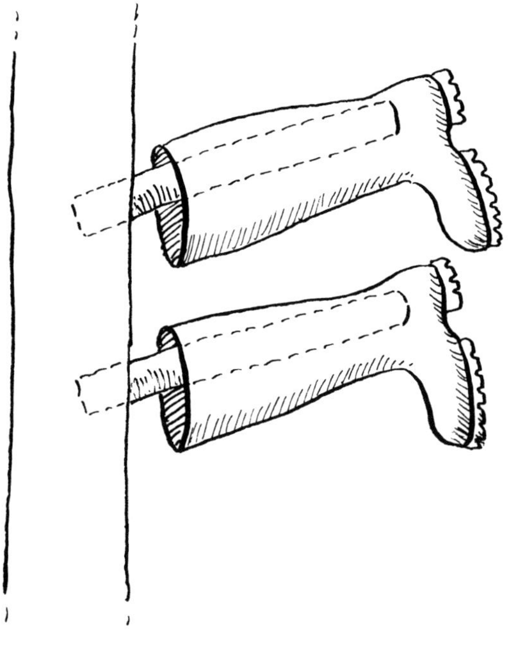

Es gibt verschiedene Arten, Gummistiefel an Besenstielen aufzuhängen.

So können Gummistiefel mit der Sohle nach oben aufgehängt werden.

73 Praktische Stiefeltrockner

Rasch und wirksam entfernt man Feuchtigkeit aus Lederstiefeln mit Zeitungspapier. Erwärmt man mehrere Lagen auf dem Ofen der Jagdhütte, rollt diese anschließend zu einer Röhre zusammen und steckt sie in die Stiefelschäfte, verdunstet die Feuchtigkeit im Leder schon nach kurzer Zeit. Wird die Prozedur vier- oder fünfmal für rund zehn Minuten Dauer wiederholt, werden auch vollständig durchnässte Lederstiefel schnell und schonend wieder trocken.

74 Reißverschlüsse laufen leichter

Reißverschlüsse lassen sich problemlos mit Handschuhen öffnen, wenn man kleinere Schlaufen (aus Schnürsenkeln) anbindet. Zusätzlich sollte man Reißverschlüsse im Winter mit Seife oder Kerzenwachs einreiben, damit sie leichter laufen.

Ein Reißverschlusszipper kann „handschuhgerecht" präpariert werden.

75 Schmutzfänger für die Jagdschuhe

Damit der Fußboden der Jagdhütte sauber bleibt, stellt man verschmutzte oder nasse Schuhe auf ausgediente Eierkartons. Das Wasser wird aufgefangen, die Kartons lassen sich leicht auswechseln.

Ausgediente Eierkartons sind der richtige „Abstellplatz" für verschmutzte Schuhe.

76 Spiritus gegen Harz

Brennspiritus wirkt bei Harzflecken wahre Wunder. Einen Lappen mit Spiritus befeuchten, die Flüssigkeit auf der betroffenen Stelle verreiben, und der Fleck ist im Nu verschwunden.

77 Stoffabzeichen annähen

Einige Tropfen Leim auf der Rückseite des Abzeichens verteilt, das Emblem auf die entsprechende Stelle des Kleidungsstückes gepresst und ein paar Minuten antrocknen gelassen – schon kann es von Hand oder mit der Maschine angenäht werden, ohne dass es verrutscht. Der Leim wird bei den nächsten Waschgängen herausgewaschen.

78 Strapazierfähige Beinlinge

Bei Treibjagden in Senf- und Rapsfeldern ist es ratsam, Beinlinge über die Hosen zu ziehen, will man am Abend nicht völlig durchnässt sein. Man kann sie sich einfach selber machen. Aus imprägniertem Markisenstoff oder LKW-Plane (leichte Qualitäten!) werden zwei Röhren genäht, in die Oberseite wird eine Öse eingeschlagen (gibt es im Baumarkt). Durch diese zieht man einen Lederriemen, mit dem man den Beinling am Gürtel festknotet. Das untere Ende kann man mit einem Druckknopf versehen und so zusammenhalten.

79 Talkum hilft

Mit kalten Füßen gleitet man mitunter nur mühsam in enge Schaftstiefel. Mit Talkum-Puder bestreute Stiefelschäfte werden „rutschig" und man schlüpft wie geschmiert hinein. Nützlicher Zusatzeffekt: Talkum pflegt das Schuhmaterial.

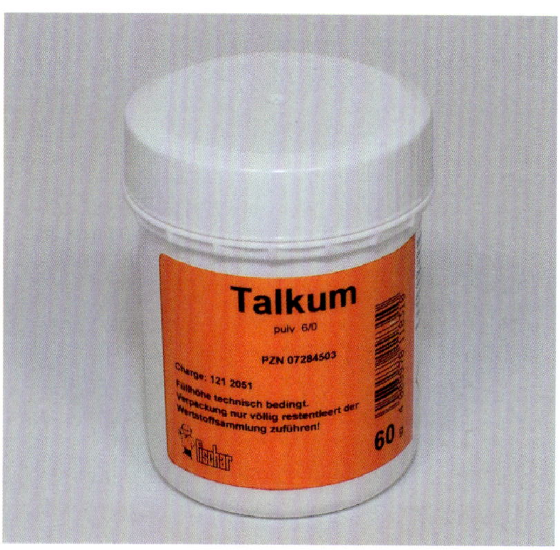

Talkum-Puder pflegt Stiefelschäfte und macht sie „rutschig".

Die dunkle Farbe der Handschuhe ist eine vortreffliche Tarnung.

80 Tarnhandschuhe kostengünstig

Obwohl sich der Jäger beim Ansitz ruhig verhält, nimmt das Wild schon geringe Bewegungen der bloßen Hand wahr. Wenn man z. B. zum Fernglas oder Gewehr greift – selbst wenn das noch so behutsam (!) geschieht –, wird es vor dem dunkleren Hintergrund der Kanzel oder vor dunklerer Kleidung wahrgenommen. Abhilfe schaffen für wenig Geld (im Einkaufscenter) gekaufte Strickhandschuhe (die für die Gartenarbeit gedacht sind). Mit Gumminoppen versehen, geben sie gute Griffigkeit und die dunkle Farbe des Stoffes eine vortreffliche Tarnung. Man kann sie auch im Sommer tragen, sie wärmen kaum.

Die fast perfekte Tarnung: ein Stück Gazestoff, am oder im Hut befestigt.

81 Tarnung – fast perfekt

Besonders in der aufkommenden Dämmerung leuchten Gesicht und Hände des Jägers verräterisch hell und weit. Die kleinste Bewegung wird dann vom Wild wahrgenommen. Am Tage lässt das helle Gesicht Tauben oder Krähen sofort abstreichen, selbst wenn man in einem Schirm sitzt. Neben leichten Handschuhen wirken da ein Stück Tarnnetz oder dunkel gefärbter Gazestoff Wunder: in das Schweißband des Hutes oder der Mütze geheftet. Bei Bedarf wird es heruntergelassen und macht das Gesicht des Jägers fast unsichtbar. Der dünne und durchsichtige Stoff stört weder beim Beobachten noch beim Schießen.

82 Lederhose richtig kaufen

Bei Lederhosen gibt es gewaltige Qualitätsunterschiede. Man sollte beim Kauf darauf achten, dass die Taschenbeutel aus Leder und nicht aus Stoff bestehen, weil sie sonst schnell verschleißen und repariert werden müssen.

83 Vom Angeln für die Jagd!

Hüfthohe Watstiefel (aus dem Anglergeschäft) bieten die Vorteile von Beinlingen und Gummistiefeln zugleich. Mit einer Regenjacke und diesen Stiefeln bekleidet, trotzt man jedem Wetter.

84 Zu viele Socken machen kalt

Mehrere übereinander gezogene Socken schützen besser gegen Kälte als nur eine. Jedes Paar Strümpfe engt aber den Spielraum im Jagd- oder Gummistiefel ein, die Socken drücken dann das Blut aus den oberen Hautschichten, der Fuß wird deshalb kalt. Er muss immer genügend Platz haben, um die Zehen bewegen und warmhalten zu können.

Hüfthohe Watstiefel.

Im Beutel: Stiefel übernachten mit im Schlafsack.

85 Schuhe in den Schlafsack

Morgens in kalte, klamme Stiefel zu steigen, ist unangenehm. Nimmt man das Schuhwerk, in zwei Beuteln verstaut, mit in den Schlafsack, trocknet es über Nacht – der neue Tag fängt gleich ganz anders an.

86 Trapper-Weisheit

Nachfolgende Sätze hörte ich von einem amerikanischen Trapper:
– Wenn du glaubst, du kommst mit normalen Schuhen aus, zieh Gummistiefel an.
– Wenn du glaubst, du kommst mit Gummistiefeln aus, ziehe Watstiefel an.
– Wenn du glaubst, du kommst mit Watstiefeln aus, zieh eine Wathose an.
– Wenn du glaubst, du brauchst eine Wathose, geh nicht, sondern nimm dein Kanu.
– Egal, wie lang deine Gummistiefel sind – sie sind immer zu kurz.

87 Um auf dem Ansitz nicht zu frieren …

… zieht man sich warm an, aber nicht schon beim Angehen. Man schwitzt dabei sonst die Kleidung nass, die nur trocken richtig wärmt. Also die warme Überkleidung in den Rucksack stecken, bis man kühl wird. Gerade auf geschlossenen Kanzeln ist es kein Problem, einen Mantel überzuziehen oder sich eine Decke über die Beine zu legen. Wichtig ist auch die psychologische Seite des Verfahrens: Man beginnt zu frieren, zieht sich etwas über und wird wieder warm. Das motiviert für die nächste Stunde.

88 Warme Hände trotz kalter Nässe

Wenn bei Regenwetter, eisigem Wind und Temperaturen nahe dem Gefrierpunkt die Handschuhe feucht werden, kann Jagen zur Strapaze werden. Werden ein Paar Latex-Handschuhe unter den nassen Fingerlingen getragen, können Feuchtigkeit und Nässe nicht an die Haut gelangen. Obwohl sie dünn sind, sorgen sie für angenehme Wärme.

89 Waschanlagen für die Gummistiefel

Der Eigenbau einer einfachen „Stiefelwaschanlage“ ist ein Kinderspiel: Ein „Hackklotz“ wird in den Boden gegraben, und schon kann man den Fuß in bequemer „Arbeitshöhe“ abstellen. Aus einem Gartenschlauch mit angesetzter Autowaschbürste fertigt man den zweiten Teil der Stiefelwaschanlage. Eine einfachere Konstruktion zur Stiefelreinigung

Mit Autowaschbürste und fließendem Wasser wird geschrubbt.

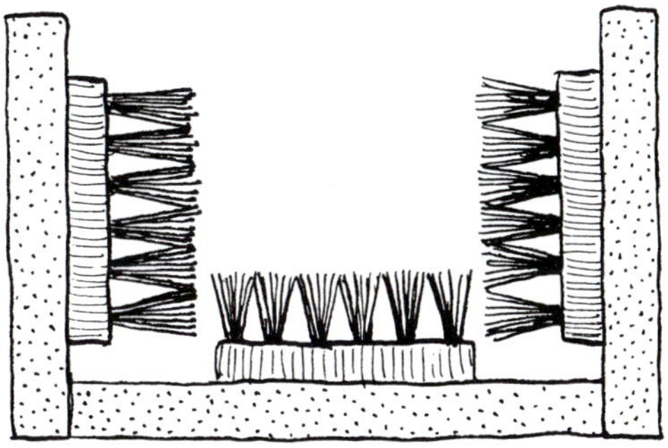

Stiefelbürste: Aus drei Straßenbesen praktisch zusammengeschraubt.

ist ein Gestell aus drei zusammengenagelten Straßenbesen, das in eine mit Wasser gefüllte Wildwanne gestellt und befestigt wird. Mit einem Fuß steht man in der Wanne und schrubbt den Stiefel, mit dem anderen auf festem Grund und kann das Gleichgewicht halten. Praktisch ist ein zusätzlicher Handgriff an der Hüttenwand.

90 Wäscheklammern für „zwei Aufrechte“

Fixiert man die Schäfte der Gummistiefel mit zwei Wäscheklammern zusammen, bleiben sie aufrecht stehen, klappen nicht um, es bilden sich keine Knickstellen, und das Gummi wird nicht brüchig oder porös.

Mit einer Wäscheklammer verbunden, bleiben Gummistiefel „standfest“.

OPTIK, WAFFEN UND PATRONEN

TIPPS FÜR – OPTIK, WAFFEN, PATRONEN

Fernglas und Gewehr sind für die Jagd unentbehrlich. Damit Sie den richtigen Durchblick behalten, der Schuss, ob mit Schrot oder Kugel, stets ins Ziel trifft, gilt es beim Erwerb, auf dem Schießstand und vor allem in der rauen Praxis im Revier manches zu beachten.

91 Atmen „verboten“

Bei kaltem Wetter ist darauf zu achten, nicht auf die Linsen des Fernglases zu atmen. Gleiches gilt fürs Zielfernrohr: Steht die Waffe beim Winteransitz in der Kanzelecke, wird sie eiskalt. Gelangt beim In-Anschlag-Gehen der warme Atem auf die Optik, beschlägt sie.

92 Beschlagfreie Optik

So behalten Sie klare Sicht: Die Okular-Linsen am Fernglas beschlagen, wenn das Glas an die Augen gedrückt wird. Halten Sie – vor allem bei Kälte – immer etwas Abstand zum Fernglas, damit Luft zirkulieren kann und die Linsen nicht anlaufen.

Gegen Mondlicht: Ein Stück schwarzes Plastik wird vor der Linse mit Gummiband fixiert.

Ein Laser-Entfernungsmesser sollte in unbekanntem Jagdterrain nicht fehlen.

93 Besser messen als verschätzen

Das Schätzen der Entfernung ist oft, insbesondere bei der Jagd auf unbekannte Wildarten und in fremden Gegenden, schwierig. Da hilft ein einfacher Laser-Entfernungsmesser weiter, er sollte daher bei keiner Jagd in unbekanntem Gelände fehlen. Ist verendetes Wild vom Hochsitz aus noch zu sehen, aber nicht vom Erdboden aus, misst man die Entfernung vom Hochsitz aus. Dann geht man in Richtung des Stücks und misst zurück zum Hochsitz, um es in dem gleichförmigen Acker leichter zu finden.

94 Blende gegen Mondlicht einfach und effektiv

Für den Nachtansitz eignet sich ein Teil eines Schnellhefters als Lichtblende, um beim Mondschein oder beim Schießen gegen die untergehende Sonne Blendeffekte auszuschließen. Schneiden Sie aus einem Schnellhefter den Plastikrücken so zurecht, dass er als Rolle geformt über das Objektiv passt und drei Fingerbreit übersteht. Mit einem Gummiband gesichert lässt er sich auch, falls der Mond nicht blendet, oder für den Transport der Waffe verschieben.

95 Fernglasfixierung

Um das Fernglas bei einem anstrengenden Marsch festzulegen, kann man es entweder schräg tragen, wie eine Tasche umgehängt oder unter den Riemen der Waffe klemmen.

Unter den Gewehrriemen geklemmt, kann das Fernglas nicht mehr baumeln.

96 Immer klare Sicht

Unterhalb von Null Grad beschlagen Brillengläser schnell beim Schwitzen. Dagegen lohnt sich, Anti-Beschlag-Tücher im Rucksack mitzuführen. Die einzeln verpackten Tücher helfen gegen Beschlag, bieten mehrere Stunden anhaltenden Schutz und geben klare Sicht.

97 Immer scharf

Beim Fernglas, aber auch beim Zielfernrohr, verstellt sich mitunter ungewollt die Dioptrieneinstellung. Hält man das Glas dann vor die Augen, liefert es ein unscharfes Bild und muss wieder justiert werden. Abhilfe schafft, wenn man das Glas scharf einstellt und am Mitteltrieb wie auch am Okular mit flüssigem Tipp-Ex oder einem Kreide-Filzstift eine feine Markierung anbringt. Durch die weiße Farbe ist die Optik noch zu sehen, wenn es dämmrig ist, und entsprechend schnell auf die gewünschte Schärfe einzustellen. Achtung: Wenn die Teile für die Scharfeinstellung nicht von Zeit zu Zeit betätigt werden, werden sie schwergängig.

98 Kein Zutritt für Seitenlicht!

Gummimuscheln am Fernglas helfen nicht immer gegen störenden Seitenlichteinfall. Legen Sie die Daumen an die Seite des Glases und der Schläfen, und schon bleibt irritierendes Seitenlicht „ausgesperrt", sodass Sie besser beobachten können.

99 Kimme und Korn für schlechtes Licht

Um bei schlechten Lichtverhältnissen die Visierung zu erkennen, bestreicht man Kimme und Korn mit Leuchtfarben, wie sie z. B. bei Angelposen oder im Modellbau Verwendung finden. Wer nur das Korn etwas aufhellen will, ist mit Tipp-Ex auch gut bedient.

100 Optik immer mit Schutzkappen

Für jede Objektiv- und Okulargröße gibt es im Fachhandel Schutzkappen, die am Zielfernrohr

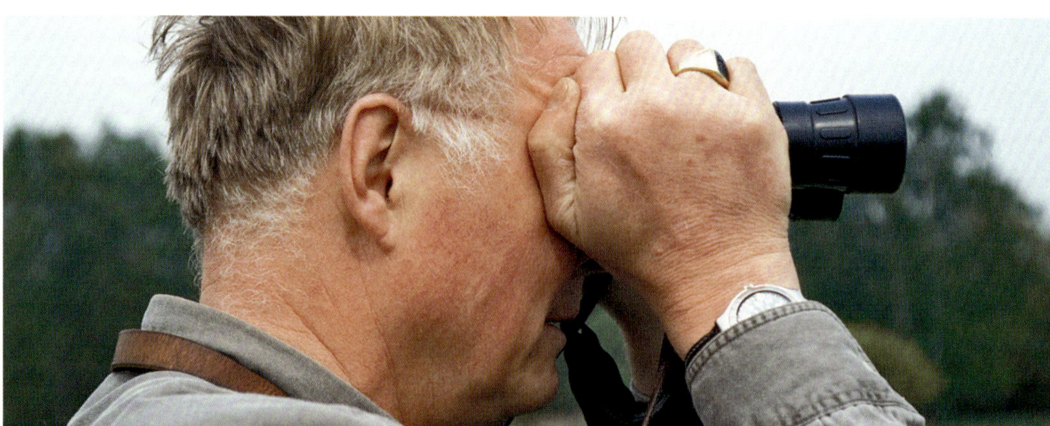

Störendes Seitenlicht verschwindet, wenn Okulare und Augen so mit den Daumen abgeschirmt werden.

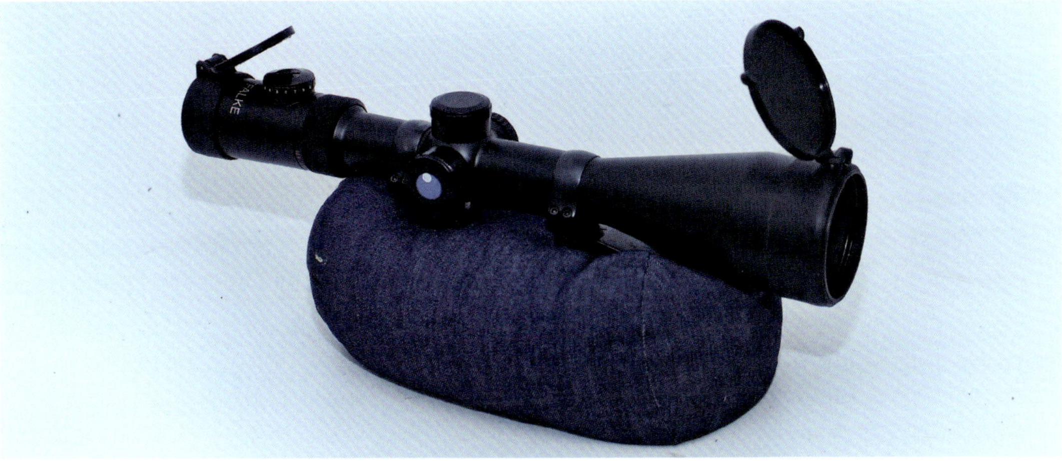

Wichtig für den Schutz der Optik: Schutzkappe zum Aufklappen.

verbleiben und die sich schnell aufklappen lassen. Besser kann man die Optik nicht schützen und man ist trotzdem auch bei überraschend auftauchendem Wild schnell im Einsatz. Beim In-Anschlag-Gehen öffnen Sie mit etwas Übung die Klappen einfach mit den Daumen. Bei vielen Gelegenheiten reicht es, nur die Objektivkappe zu schließen, da bei abgestelltem Gewehr bloß das Objektiv Regen abbekommt.

101 Optik- und Elektroniktrockner

Wenn Optik oder Elektronik (Mobiltelefon, GPS-Empfänger, Digitalkamera) nass geworden sind, gibt man das lädierte Teil mit reichlich trockenem, ungekochtem Reis in einen Plastikbeutel, der luftdicht verschlossen wird. Der Reis absorbiert die Feuchtigkeit und mit etwas Glück ist das Gerät wieder einsatzbereit.

Reis als Retter: Das Mobiltelefon trocknet in einer luftdicht abgeschlossenen Dose.

102 Wie funktioniert das Auge?

Im Auge befinden sich verschiedene Rezeptoren, die auf Licht ansprechen. Die Zapfen sind für das Farbsehen notwendig, die Stäbchen für das Dämmerungssehen. Wird das Licht schwächer, kann man immer weniger Farben erkennen. Als letzte Farbe sieht man Dunkelgrün, dann sind alle Katzen grau. Im Auge spielt sich dabei Folgendes ab: Die Zapfen (Farbsehen) reagieren lediglich bei viel Licht. Sie sind nur an einer zentralen Stelle im Auge vorhanden, wo die Linse am schärfsten abbildet. Der Rest der Netzhaut ist nur mit Stäbchen besetzt, die bei geringerer Lichtstärke funktionieren, dafür aber nur ein Schwarzweißbild liefern. Sitzt man im Dunkeln an und versucht zu schießen, bildet man unwillkürlich Kimme und Korn dort im Auge ab, wo man am schärfsten sehen kann. Dort liegen Rezeptoren, die mangels Lichts nicht mehr reagieren. Mit anderen Worten: was man im Dunkeln fixiert, verschwindet, weil man es nicht sehen kann. Will man beim Nachtansitz ansprechen, muss man am Wild vorbeisehen. So werden die Umrisse auf dem Teil der Netzhaut projiziert, auf dem man bei schwachen Lichtverhältnissen noch etwas erkennen kann, wenn auch nur schwarzweiß. Die lichtempfindlichen Stäbchen „verkriechen" sich bei Helligkeit tief in der Netzhaut, um nicht überreizt zu werden. Sie brauchen einige Minuten, um hervorzukommen, weswegen sich die Augen erst nach einer gewissen Zeit an die Dunkelheit gewöhnen.

103 Ersatzpatronen stets griffbereit

Damit Patronen beim Ansitz nicht vom Ablagebrett rollen oder erst gesucht werden müssen, bohrt man Löcher in der entsprechenden Kalibergröße senkrecht in die Hochsitzbrüstung oder Gewehrauflage und steckt sie einzeln hinein. So ist die Munition, ob Kleinkaliber oder Hochwildpatrone, sicher und stets griffbereit gelagert.

So sind die Patronen auf Hochsitz oder Leiter stets griffbereit.

„Lieber eine .38 Special im Leben als eine .44 Magnum daneben."

104 Farbige Schrotpatronen

Farbige Schrotpatronenhülsen haben einen Vorteil: Jede Schrotgröße hat eine andere Farbe. Es ist lästig, wenn die Rottweil Jagd Braun nach einem feuchten Jagdtag zwar noch braun, aber die Beschriftung mit den Schrotstärken abgerubbelt ist. Bei unterschiedlichen Farben erkennt man gleich, welche Schrotstärke man vor sich hat. Früher war das durch das farbige Abdeckplättchen bei Bördelverschlüssen kein Problem.

105 Geschoß wirkt nicht auf weite Entfernung

Ein Argument gegen weite Schüsse liegt in dem Geschoßaufbau. Es benötigt eine gewisse Geschwindigkeit, um anzusprechen, aufzupilzen und Energie abzugeben. Ab 200 Metern wirken viele Geschosse nur noch wie ein Vollmantelgeschoß und sind somit nicht waidgerecht.

106 Immer klein anfangen

Bevor man eine Kurzwaffe auf der Jagd (Nachsuche) einsetzt, sollte man sich mit einer Kleinkaliberpistole/-revolver mit geringem Rückstoß und einigen Hundert Schüssen auf die Scheibe vertraut machen. Treffen auf zehn Meter alle Schüsse ins Schwarze, steigert man die Entfernung und dann die Energie der Patronen, z. B. .38 Wadcutter, .38 Special mit Gebrauchsladungen. Merke: Lieber eine .38 Special im Leben, als eine .44 Magnum daneben.

107 Kein Kleinkaliber in der Hose!

Kleinkaliberpatronen sind gefettet und sammeln in der Hosentasche Dreck und Fusseln oder sogar Sandkörner. Diese werden beim Schuss mit Gewalt durch den Lauf gedrückt und verderben ihn. Man bewahrt diese Patronen besser in einem Etui auf.

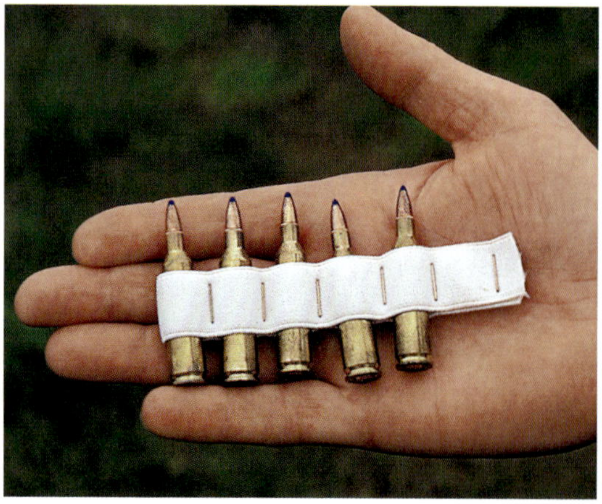

Ein Textilgummi kann auch Patronen zusammenhalten.

Ladestreifen als Patronenhalter - man findet sie z.B. auf Sammlerbörsen.

108 Kein Patronenklappern

Ein einfaches Patronen-„Etui“ erhält man, indem man einen Textilgummi doppelt legt und in Abständen – je nach Patronenkaliber – beide Streifen vernäht oder, noch einfacher, zusammentackert. So lassen sich auch Kleinkaliberpatronen oder Munition für Kurzwaffen geräuschlos mitführen.

109 Ladestreifen als Patronenhalter

Für Militär-Karabiner gibt es Ladestreifen, in die fünf Patronen mit der Auszieherrille eingeklinkt werden. Diese Streifen erhält man auf Sammlerbörsen oder für alte Militärgewehre in den Versandkatalogen. Die Munition hält darin fest und gut zusammen. Auch wenn man die Ladestreifen nicht wie vorgesehen benutzt, um die Patronen in das Magazin zu drücken – die Fummelei aus der Schachtel entfällt und sie klappern nicht in der Manteltasche.

110 Magazinfeder schonen durch Entladen

Wird ein Kurzwaffenmagazin selten geleert, erlahmt auf Dauer die Magazinfeder. Ratsam ist daher, das Magazin beim Lagern im Munitionsschrank um einige Patronen zu erleichtern und erst vor dem erneuten Laden die fehlenden Patronen zu ergänzen.

Das Magazin sollte während der Lagerung entladen werden.

111 Markierte Schrotpatronen

Stecken Schrotpatronen im Patronengurt oder in den Patronenschlaufen der Jagdtasche, ist eine Unterscheidung nach Schrotstärke nicht möglich. Mit einem wasserfesten Filzstift auf dem Hülsenboden markiert (z. B. „S" für Streupatronen, „F" für Flintenlaufgeschosse), unterlaufen Ihnen keine Verwechslungen.

Markierte Hülsenböden:
Welche Sorte steckt in der Lasche?

112 Munition auch im Magazin testen

Testen Sie Ihre Jagdmunition auf jeden Fall auch mit einem vollen Magazin, wenn das auf dem Stand erlaubt ist. So stellen Sie fest, ob sich alle Patronen problemlos repetieren lassen oder ob die Bleispitzen durch den Rückstoß verformt werden und das Magazin blockieren.

113 Ordnung in der Jagdtasche

Bei der Munitionswahl ist es sinnvoll, sich nur mit wenigen Sorten anzufreunden. Die Munitionssorten – die man am meisten verschießt – kommen in der Jagdtasche in die Fächer, in denen man sie „blind" findet. Munition für Spezialfälle (Flintenlaufgeschosse etc.) wird in die Patronenschlaufen gesteckt, damit man sie nicht versehentlich lädt – besonders bei Flintenlaufgeschossen höchst gefährlich! Außerdem gehört in eine Jagdtasche: Ersatzmesser, Bindfaden, eine Plastiktüte, Einweghandschuhe und eine Tafel Schokolade (kann den ganzen Winter über in der Tasche bleiben) und eine Packung Papiertaschentücher.

Der Inhalt einer Jagdtasche:
Was nehmen Sie mit?

114 Patronen durchrotieren

Auf der Jagd braucht man in der Regel nur ein oder zwei Kugelpatronen, das Magazin nimmt aber fünf Patronen auf. So kommt es vor, dass die unterste im Magazin sehr oft durch den Mechanismus repetiert wurde, ohne je verschossen zu werden. Wenn diese Patronen unansehnlich und ihre Spitzen beschädigt sind, sollte man sie austauschen und auf dem Stand verschießen. Das ist man dem Wild schuldig.

Ein Korken hält Kleinkaliberpatronen in großen Patronenetuis.

115 Übersicht im Stahlschrank

Um die Munition bequem zur Hand zu haben, bohrt man in einen Holzklotz Löcher, in die man die benötigten Jagdpatronen steckt. So erkennt man auf einen Blick, ob alle Patronen aus den Waffen oder aus den Jackentaschen entfernt wurden und im Jagdschrank deponiert.

116 Patronenetui auch für Kleinkaliber

Universal-Patronenetuis bieten neben Einsteckschlaufen für Flintenmunition meistens nur Aufnahmeschlaufen für großkalibrige Kugelpatronen, nicht aber für Kleinkalibermunition. Bohrt man in einen Korken Löcher in entsprechend geringer Stärke und steckt man sie in die Schlaufe für Schrotpatronen, hat man einfache Abhilfe geschaffen.

Die Patronen sind sauber und übersichtlich aufgehoben und rollen nicht durcheinander.

117 Patronengurt sinnvoll „bedienen"

Man sollte auf der Treibjagd den Patronengurt von hinten beginnend leeren. Muss schnell nachgeladen werden, hat man die einfach erreichbaren vorderen Patronen zum Schluss zur Hand. Die Hülsen lassen sich besser greifen, wenn links und rechts je eine Lasche freigelassen wird.

118 Plastik-Patronenschachteln

Munitionpatronenschachteln sind in erster Linie aus Pappe und dazu da, aus dem Laden nach Hause getragen zu werden. Plastik-Boxen, wie sie von Wiederladern verwendet werden, machen sich aber bezahlt. Die Patronen werden umgepackt und die Schachteln beschriftet. Es ist angenehm, wenn sie stabil sind, sodass sich der Inhalt nicht im Gepäck verteilt.

119 Praktisches Patronenetui

Aus einem ausgedienten Fahrradschlauch wird ein ungefähr zehn Zentimeter langes Stück geschnitten und oben wie unten rund zwei Zentimeter vom Rand entfernt mit der größten Stanze der Lochzange im Abstand von ca. zwei Zentimetern Löcher gesetzt. Das Schlauchstück schiebt man anschließend auf einen Hosengürtel und steckt jeweils in die beiden gegenüberliegenden Löcher eine Patrone. Der Reibungswiderstand des Gummis hält die Hülsen bombenfest.

120 Saubere Patronenhülsen

Damit leere Patronenhülsen zum Wiederladen völlig sauber sind, sollte man sie über Nacht im Wasser einweichen, in das man einige Zahn-/Gebissreinigungstabletten gegeben hat. Wäscht man diese Hülsen anschließend mit klarem Wasser, befinden sich nach dem Trocknen keinerlei Rückstände mehr daran.

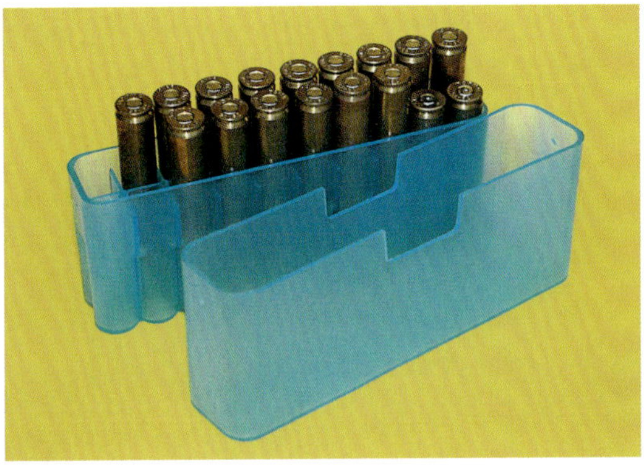

Praktisch für die Jagdreise: Eine robuste Patronenschachtel aus Plastik hält Ordnung.

Günstiges Patronenetui aus einem alten Fahrradschlauch.

Für etliche Fangschusswaffen gibt es Schrotpatronen.

121 Schrotschuss aus der Kurzwaffe

Schrotpatronen für Kurzwaffen eignen sich besonders zum Fangschuss auf Raubwild in Lebendfallen. Die Schrotladung passiert auf kurze Entfernung die Schädeldecke als „ein Geschoss" und verteilt sich dahinter, wobei jedes einzelne Schrotkorn Energie abgibt. Es entsteht selten ein Ausschuss, und der Gefährdungsbereich ist kleiner als bei Verwendung eines Kugelgeschosses.

122 Keine Exoten

Bleiben Sie bei allgemein verbreiteten Kalibern für Ihre Waffe, besonders wenn Sie im Ausland jagen. Andernfalls kann es schwierig werden, für das „neue" oder „exotische" Kaliber Ersatzmunition zu beschaffen, und Sie stehen ohne Ihre gewohnte Munition da.

123 Weniger ist mehr

Auf der Jagd sollte man nicht Schrotpatronen mit der schwersten Schrotvorlage wählen. Es ist schwieriger, eine hohe Vorlage zu beschleunigen, als eine leichte. Mit anderen Worten: Bei gleichem Gasdruck verlassen zwar weniger Schrote die Mündung, dafür aber mit einer höheren Geschwindigkeit: Das einzelne Schrotkorn hat eine größere Wirkung.

Sitzt das Zielfernrohr fest an der Gebrauchtwaffe?

ZUSATZTIPP Um auf dem Drilling ein neues Zielfernrohr montieren zu lassen, sollte die Waffe technisch in Ordnung sein. Das Geld für ein professionelles Checkup ist gut angelegt.

124 Drumm prüfe, wer sich ewig bindet

Sollten Sie sich mit dem Gedanken tragen, eine Gebrauchtwaffe zu erwerben, dann sollten Sie diese nicht nur probeschießen, sondern auch vom Büchsenmacher prüfen lassen. Gerade bei kombinierten Waffen können verdeckte Mängel vom Laien nicht auf den ersten Blick erkannt werden: seien es lockere Reifen (die Metallstreifen zwischen den Läufen), undichte oder falsch nachgedichtete Verschlüsse oder lockere Zielfernrohrmontagen.

125 Oldie but Goldie

In den Waffenschränken gerade der älteren Generation schlummern noch jede Menge guter Waffen, die leider von der Optik her nicht mehr aktuell sind. Hier können Jungjäger so manches Schnäppchen auf dem Gebrauchtwaffenmarkt machen. Ein guter Drilling geht für unter 1.000 Euro über den Tisch, wenn man bedenkt, dass ein neuer Drilling über 5.000 Euro kostet, ist das ein echter Schnapper. Leider sind diese meist mit einfachen Gläsern mit Suhler Einhakmontage versehen. Ein neues Glas auf der vorhandenen Suhler-Einhakmontage zu montieren, ist meist nicht möglich, da die modernen, leistungsfähigeren Gläser länger und größer sind und zumindest ein Sockel versetzt und neu angefertigt werden muss.

Einfacher ist es, die Grundplatte des Vorderfußes gegen eine für eine Schwenkmontage auszutauschen. Für das Schlösschen gibt es verschiedene Möglichkeiten, dort einfach eine Prismenplatte anzubringen, in der das Oberteil der Montage verriegelt.

Ein guter, gebrauchter Drilling.

Metallteile der Waffe können mit Autowachs gepflegt werden.

126 „Bequemer“ Rostschutz

Hält man sich bei schlechtem Wetter lange im Freien auf, empfiehlt es sich, die Metallteile seiner Waffen mit Autowachs einzureiben und zu polieren. Die Prozedur erspart späteres, im Camp mitunter recht mühsames Trocknen und Einölen des Gewehres. Nach der Pirsch läuft das Wasser nach kräftigem Schütteln der Waffe einfach ab – fertig.

127 „Dürre“ im Gewehrschrank

Trockenkissen aus den Verpackungen von Elektrogeräten sorgen im Waffenschrank dafür, dass er über längere Zeit trocken und geruchsfrei bleibt. Man bekommt die Kissen in Fernseh- oder Hightech-Geschäften, wo sie bei der Lieferung von Vorführgeräten als Massenware anfallen und entsorgt werden müssen.

Günstige Raumentfeuchterbox für den Gewehrschrank.

128 Bessere Sicht über Kimme und Korn

Um mit grob gearbeiteten Visiereinrichtungen beim (Flüchtig-)Schießen das Ziel schnell zu erfassen, erleichtert es das Zielen, wenn man die oberen, äußeren Ecken des Kimmenvisiers schräg abfeilt. Die breite Platte, in die die Kimme geschnitten ist, verdeckt das anvisierte Ziel beträchtlich. Nach der Behandlung sieht man mehr vom Ziel.

Eine schräg abgefeilte Kimme erleichtert die Zielerfassung über die offene Visierung.

129 Billiger Mündungsschutz

Staub, Schnee, Regen, kleine Zweigstücke oder andere Fremdkörper die – z. B. bei einer Nachsuche – in den Gewehrlauf dringen, gilt es abzuwehren. Übliche Klebebänder können durchweichen und sich lösen. Einen praktischen Mündungsschutz erhält man aus abgeschnittenen Fingern von Einweg-Gummihandschuhen. Bewährt haben sich auch Fingerlinge aus Latex, erhältlich in Apotheken. Diese Materialien können durchschossen werden, auch wenn das Gummi das Korn verdeckt und das Zielen erschwert.

130 Schusspflaster als Mündungsschoner

Schusspflaster eignen sich ideal zum Zukleben der Mündung von Büchsenläufen. Man benötigt kein Lederungetüm, das durch Gerbsäure Metallteile angreift oder leicht verloren geht, und verhindert trotzdem das Eindringen von Wasser, Schnee oder sonstigen Fremdkörpern in den Lauf. Problemlos kann man Ersatzschusspflaster im Portemonnaie oder in der Brieftasche mit sich führen und auch mit „zugeklebtem" Lauf einen sicheren Schuss abgeben. Die Treffsicherheit wird keinesfalls beeinträchtigt, da das Geschoss die Luftsäule im Lauf zusammendrückt und das Pflaster „fortgeblasen" wird, bevor das Projektil die Mündung erreicht.

131 Damenstrumpfhosen für die Schaftpflege

Lädierte und stumpfe Gewehrschäfte bekommen ihren Glanz zurück, wenn man sie mit Möbelpolitur oder Schaftöl und einem Damenstrumpf aus Nylon poliert. Die feine, feste Struktur des Strumpfes beseitigt kleine Kratzer und lässt das Holz in altem Glanz erstrahlen.

Sicherer Schutz vor Schnee und Wasser: ein einfaches Schusspflaster auf der Mündung.

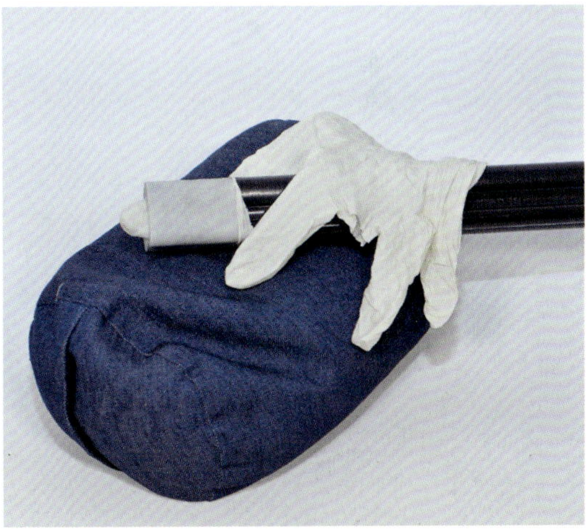

Ein praktischer Mündungsschutz aus dem abgeschnittenen Finger eines Einweg-Gummihandschuhs.

„Grip Tape“ sorgt für den nötigen Halt.

132 Den Skateboardfahrern abgeschaut

Skateboardfahrer erhöhen die Rutschfestigkeit ihres Rolluntersatzes mit sogenanntem „Grip Tape“. Kunststoffschäfte ohne griffige Gummieinlage lassen sich problemlos ebenfalls damit „umrüsten“. Das Tape ist selbstklebend und sorgt auch auf dem Gewehrschaft für den nötigen Griff. Man bekommt „Grip Tape“ im Sportfachhandel.

Unter das Zielfernrohr geklemmt, sind die Ohrenstöpsel griffbereit.

133 Depot für Ohrenstöpsel

Häufiges Schießen belastet und beeinträchtigt das Hörvermögen. So manch ein Jäger benutzt daher nicht nur auf dem Schießstand Ohrstöpsel. Damit man sie stets bei sich führt, kann man die kleinen Stöpsel zusammendrücken, zwischen die Zielfernrohrmontage schieben und wieder aufquellen lassen.

134 Der einfache „Waffentrockner“

Kommt man aus der Kälte in die warme Jagdhütte, beschlägt die Waffe durch den Temperaturwechsel, und es bildet sich ein Feuchtigkeitsfilm, der das Gewehr rostanfällig macht. Die Feuchtigkeit muss gründlich entfernt werden. Diese Mühe kann man sich sparen, wenn man das gute Stück unter die Bettdecke legt. Anschließend ist es trocken, und man kann es beruhigt in den Waffenschrank stellen.

Scheibenkarton als „Minischießstand“.

135 Der Scheibenkarton

Der Jäger darf im Revier mit seiner Waffe Kontrollschüsse abgeben. Das Probeschießen soll schnell, sicher und praktikabel vor sich gehen. In der Praxis hat sich dabei der Scheibenkarton bewährt. Ein normaler Pappkarton reicht aus. Die Scheibe oder ein Kreuz werden auf die Vorderseite geklebt und Schusslöcher schwarz oder weiß abgedeckt. Der Karton ist leicht zu transportieren, einfach aufzustellen und problemlos zu erneuern. Damit er nicht weggeweht wird, legen Sie einen Stein hinein.

136 Die Läufe schießen, der Schaft trifft

Viele Jäger wissen zwar, dass bei einer Flinte die Läufe schießen und der Schaft trifft, aber wie man zu einem optimal passenden Schaft kommt, wissen sie nicht. Büchsenmacher oder Schießschulen besitzen dafür ein „Gelenkgewehr“. Der Schaft an dieser speziellen Waffe ist in mehrere Teile zerlegt und mit Gelenken verbunden, sodass er sich auf fast jedes Maß einstellen lässt. Der Schäfter nimmt am Kunden Maß und justiert das Gelenkgewehr so lange, bis das richtige Schaftmaß ermittelt ist und der Kunde sicher trifft. Erst dann wird sein Gewehr mit Säge und Raspel nach den Maßen des Gelenkgewehrs in Form gebracht.

Gelenkgewehr: Der Schaft ist in mehrere Teile zerlegt und mit Gelenken verbunden.

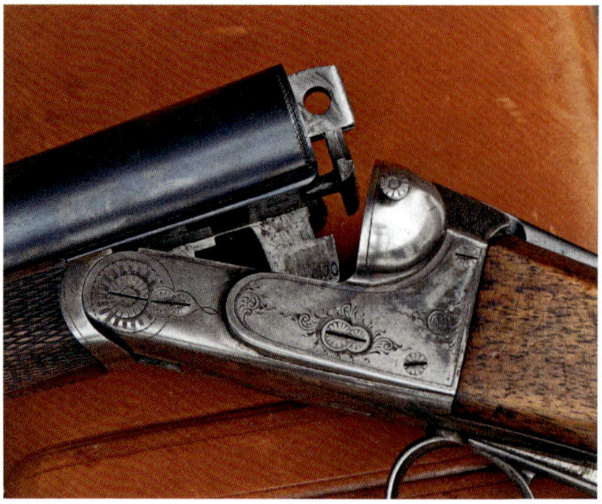

Die Schrauben älterer Waffen sind im Originalzustand „auf Strich gestellt".

137 Die Schrauben sind Zeugen

Bei handgemachten (vor 1980 gefertigten) Waffen sind fast alle Schrauben „auf Strich gestellt". Weisen beim Repetierer, Drilling oder bei der Flinte die Schraubenschlitze in verschiedene Richtungen, wurde die Waffe zerlegt und nicht korrekt wieder zusammengesetzt. In diesem Fall kann nur der versierte Büchsenmacher helfen.

138 Einschießen mit nur einer Patrone?

Muss die Treffpunktlage einer Büchse überprüft werden, reicht im Notfall ein einziger Schuss. Die Waffe wird mit Sandsäcken ausgerichtet und nach dem Schuss das Absehen des Zielfernrohres vom Haltepunkt auf den tatsächlichen Einschuss korrigiert. Die Waffe schießt nun auf die gegebene Entfernung „Fleck". Natürlich sollte anschließend ein weiterer Kontrollschuss abgegeben werden.

139 Einstecklauf passt wie angegossen

Mündungslange Einsteckläufe schließen oft nicht bündig mit der Innenwandung des Schrotlaufes ab. Leicht dringt Wasser oder Schmutz zwischen beide Läufe, sodass man den Einstecklauf zum Säubern ausbauen muss. Wird der Zwischenraum an der Mündung mit Vaseline ausgeschmiert, hat das keine negative Wirkung auf die Trefferleistung der Waffe und hält Fremdkörper fern.

140 Der abnehmbare Riemenbügel

Riemenbügel zum schnellen Wechsel gibt es in verschiedenen Ausführungen. Die vorhandenen Bügel werden abgeschraubt und durch das Loch der Basis wird der Bolzen der abnehmbaren Riemenbügel gesteckt. So kann man einen Riemen für mehrere Waffen verwenden. Überdies kann man den Riemen auf dem Hochsitz oder dem Schießstand schneller abnehmen, damit er nicht beim Schießen stört. Und bei einem übervollen Waffenschrank besteht nicht mehr die Gefahr, bei der Entnahme einer Waffe zwei weitere mit umzureißen.

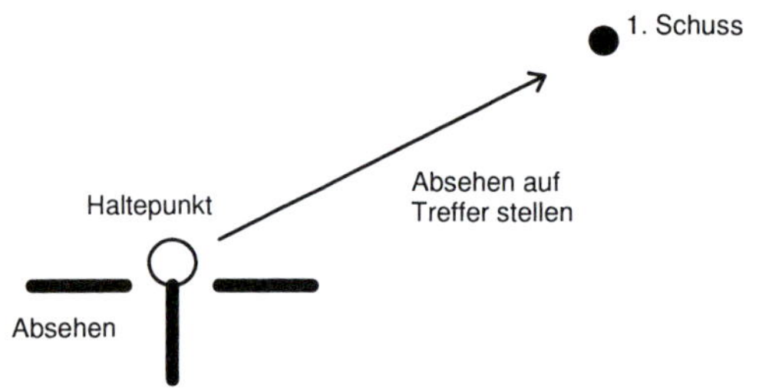

Die Treffpunktlage der Waffe korrigiert man, indem man durch das Zielfernrohr den Haltepunkt anvisiert und dann das Absehen auf den tatsächlichen Einschuss dreht.

Praktisch: abnehmbarer Riemenbügel.

141 Erster Waffenkauf

Ein Rat an Jungjäger: Wer 4.000 Euro investieren kann, sollte davon ein Viertel für die Büchse ausgeben (für mehr Geld wird die Schussleistung kaum besser!), die Hälfte für Glas und Montage und ein Viertel für Munition. Hat man genügend Geld in Übungsmunition investiert und auf dem Schießstand verschossen, ist man auf der Jagd erfolgreicher als mit einer 2.000 Euro teuren Waffe und einem Glas für 1.000 Euro.

142 Es zählt der erste Schuss

Seit Geradezug- oder auch „Ruck-Zuck“-Repetierer und Selbstlader in den Jagdalltag Einzug gehalten haben, ist die Zahl der verschossenen Patronen pro Stück Wild gestiegen. Einen Selbstlader zu führen, heißt aber nicht, mit dem ersten Schuss leichtsinnig zu sein, weil man weitere Patronen in Reserve hat. Der erste Schuss ist der beste, und auf ihn sollte man sich konzentrieren. So, wie sich viele Menschen seit der Einführung der Digitalkameras kaum Gedanken um das einzelne Bild machen und weniger Mühe damit geben, besteht bei Selbstladern die Gefahr des Viel-Schießens.

143 Fernglas als Zielunterlage

Beim Liegendschießen bietet sich das Fernglas als Gewehrauflage an. Die Objektive stehen (auf dem untergeschobenen Hut) auf dem Boden, der Vorderschaft der Waffe ruht zwischen den Okularstutzen. Mit aufgestützten Ellbogen erhält man so eine hervorragende Dreipunktauflage.

144 Flugrost ade

„Soldatengold“ an der Brünierung der Waffe lässt sich mit einem zusammengeknüllten Stück Aluminiumfolie abreiben. Die ist hart genug, um den Flugrost zu entfernen, aber zu weich, um die Brünierung zu beschädigen. Nach der Behandlung muss die betroffene Stelle eingeölt werden, weil sich dort bevorzugt Rost ansetzt.

Mit Alufolie lässt sich Flugrost entfernen, ohne die Brünierung zu beschädigen.

Ein Stück fester Gartenschlauch verlängert einen kurzen Kammerstängel.

145 Führiger Kammerstängel

Bei älteren Repetierbüchsen ist der Kammerstängel mitunter recht kurz, wodurch sich das Ende lediglich mit drei Fingern greifen lässt. Gilt es, hintereinander mehrere Schüsse abzugeben, will man also schnell repetieren, ist das fast unmöglich. Bewährte Abhilfe schafft ein Stück Gartenschlauch, mit dem der Griff verlängert wird. Über den Kammerstängel gestülpt, lässt sich damit wie „geschmiert" repetieren.

146 Gewehrschaft „bügeln" oder „löten"

Rillen oder Beulen, die durch Anschlagen des Gewehrschaftes an einen harten Gegenstand entstehen, können problemlos beseitigt werden. Die Holzfasern sind nämlich nur zusammengedrückt, es fehlt aber nichts. Um sie wieder „anzuheben", wird der Schaft „gebügelt": Man legt ein feuchtes Tuch über die schadhaften Stellen, fährt mit dem heißen Bügeleisen darüber – augenblicklich verschwinden die Blessuren, denn Feuchtigkeit aus dem Tuch dringt in das Holz ein und beseitigt die Unebenheiten. Das funktioniert auch mit einem handelsüblichen Lötkolben und einem rund fünf Millimeter starken Stück Filz etwa von der Größe eines Zwei-Euro-Stücks. Der gut angefeuchtete Filz wird auf die schadhafte Schaftstelle gelegt und darauf dann der zuvor angeheizte Lötkolben gepresst. Nach ein bis zwei Sekunden ist der Fall erledigt, gegebenenfalls wird das Ganze wiederholt.

ZUSATZTIPP Ob gebügelt oder gelötet: Nach der Prozedur muss der Schaft mit Schaftöl poliert werden.

147 Immer die gleiche Patrone

Schießt man stets mit der gleichen Patronensorte und laboriert nicht mit verschiedenen Geschossen für unvorhergesehene Situationen im Jagdbetrieb herum, vermittelt das Vertrauen, in jeder Situation das Geschoss sicher ins Ziel zu bringen. Der richtige Treffersitz ist entscheidender als die Geschosskonstruktion. Wird ein Ziel anvisiert, sollte man nicht darüber grübeln, wie viel man vor oder darüber halten muss.

148 Kalte Schießscheiben

In Norwegen geben Jäger Probeschüsse vor der Jagd auf Eiswürfel ab. Diese „zeichnen" genauso gut wie Glas, hinterlassen aber keine Splitter, an denen sich Mensch oder Tier verletzen können. Die Überbleibsel sind ungefährlich und bald verschwunden, müssen also auch nicht eingesammelt werden.

149 Kampf dem „Mucken"

Grundübel vieler schlechter Treffer ist die Angst des Schützen vor dem Rückstoß. Ein daraus resultierendes „Mucken" gewöhnt man sich ab, indem man mit einer Kleinkaliberbüchse übt und sich dann allmählich „hocharbeitet". Passender Schaft, moderates Kaliber, langer Lauf, hohes Waffengewicht, großer Augenabstand zum Zielfernrohr, Mündungsbremse oder Kickstop im Schaft können außerdem helfen, angstfrei und sicherer zu schießen.

150 Keine zerkratzten Läufe mehr

Damit beim Waffenreinigen der Putzstock nicht am Patronenlager entlangkratzt, entnimmt man einer leeren Patronenhülse das Zündhütchen, bohrt ein Loch in den Hülsenboden und steckt die Hülse als „Führung" für den Putzstock in das Patronenlager.

Mit dem Bügeleisen lassen sich kleine Beulen aus dem Schaft entfernen.

Eine Leuchte mit Bewegungsmelder erhellt den Waffenschrank.

151 Laserpatronen zur Drückjagdvorbereitung

Laserpatronen, die der Überprüfung der Treffpunktlage dienen, eignen sich auch, um das Mitschwingen zu üben. Visiert man waagerechte Ziele (Hausdächer, Zimmerwinkel o. Ä.) an, registriert man schnell, wie stark man bei der „Schussabgabe" runter- oder hochfährt und ob man nach Betätigen des Abzuges fließend weiterschwingt oder nicht. Diese Übungen ersetzen natürlich nicht den regelmäßigen Besuch des Schießstandes.

152 Licht im Waffenschrank

Waffenschränke stehen oft in einer dunklen Zimmerecke. Öffnet man den Schrank, beschattet man den Innenraum und sucht die Waffen im Dunkeln. Im Baumarkt sind batteriebetriebene Leuchten zum Ankleben erhältlich, die auf Druck oder über einen Bewegungsmelder reagieren. An strategisch günstiger Stelle angebracht, bringen sie Licht ins Dunkel.

153 Mehr Platz im Waffenschrank

Der Schaft ist kein wesentlicher Teil der Waffe und muss deshalb nicht verschlossen werden. Trennt man ihn vom System und verwahrt ihn außerhalb des Waffenschrankes, gewinnt man viel Platz.

154 Mündungsschoner immer parat

Besonders auf Drückjagden bei unwirtlicher Witterung oder auf Nachsuchen hat es sich bewährt: Ein Streifen Leukoplast oder Isolierband wird an den Gewehrschaft geklebt. Ein kleines Stück reicht, um die Laufmündung zu verschließen, damit keine Fremdkörper wie Nadeln, Schnee oder Regen eindringen. Die Präzision der Waffe wird nicht beeinträchtigt und man hat stets genügend Ersatzmaterial griffbereit.

Nach dem ersten Schuss kann die Laufmündung erneut geschützt werden.

155 Neuer Glanz für alten Ölschaft

Der Schaft wird vom System gelöst und sämtliche Metallteile (Riemenbügel, Griffkäppchen etc.) werden entfernt. Er wird in einen Eimer mit heißem Wasser – um die 80 °C – gestellt. Nach einigen Minuten sind die Dellen aus dem Holz verschwunden, die Oberfläche muss nur noch geglättet werden. Das geschieht mit 400er- oder 600er-Sandpapier, danach mit Filz und Schlämmkreide (siehe Tipp 156). Nach jedem Schleifgang wird der Schaft wieder kurz in das Wasser gestellt, damit sich die Fasern aufrichten und abgeschliffen werden können. Lieber oft und wenig ölen als zu viel auf einmal: das Öl läuft sonst ab und zieht nicht ein. Voraussetzung für die Prozedur ist, dass es sich um einen Öl- und nicht um einen Lackschafft handelt.

Lieber oft und wenig ölen als zu viel auf einmal.

Pinseldose für Schaftöl:
leicht und preiswert.

156 Ölschaftpflege mit Filz und Schlämmkreide

Wie wird ein Ölschaft gepflegt, damit er dauerhaft schön ist? Ein Stück Filz (für das Bekleben von Maurerkellen beim Fliesenlegen) wird auf die Größe einer Spielkarte zugeschnitten aus dem Baumarkt. Dann schüttet man Schlämmkreide (Grundstoff für Zahnpasta, aus der Apotheke) in eine flache Dose. Wird der Filz mit Schaftöl getränkt und in die Schlämmkreide getaucht, bleibt genug haften, um ausreichende Schleifwirkung zu erzielen. Mit Filz und Schleifmischung wird dann der Schaft in Richtung der Maserung geschliffen, bis das Öl eingezogen und eine glatte Ober-fläche entstanden ist. Es ist besser den Schaft mehrmals zu behandeln als einmal stundenlang. Das Öl braucht Zeit, um einzudringen.

157 Pinseldose für Schaftöl

Plastik-Weithalsflaschen eignen sich gut zur Aufbewahrung von Schaftöl. Man bohrt ein Loch in den Deckel, steckt einen Pinsel mit rundem Stiel von innen durch und lässt ihn in der Flasche, die nicht zu hoch mit Öl gefüllt wird. Für die Schaftbehandlung wird der Deckel mit dem Pinsel abgeschraubt, und man kann mit der Prozedur beginnen. Leinöl verharzt mitunter, bei anderen Schaftölen gibt es dieses Problem normalerweise nicht.

158 Rost ade

Vor dem Einölen sollte eine Waffe trocken sein. Mit einem saugfähigen Tuch erreicht man nicht alle Ecken und Hohlräume, um die Feuchtigkeit zu beseitigen. Hier hilft ein Föhn. Die warme Luft dringt in den kleinsten Winkel ein und weht den dünnsten Feuchtigkeitsfilm fort.

159 Rucksack und Gewehr bequem tragen

Wenn man einen Rucksack trägt, findet der Gewehrriemen meist nicht mehr den richtigen Halt. Dann ist es bequem, sich das Gewehr um zu hängen und vor dem Bauch zu tragen. Probieren Sie es – es ist angenehmer, als Sie denken.

160 Schießen in allen Lebenslagen

Auf dem Schießstand sollte man nicht nur stehend angestrichen die Bockscheibe, sondern alle Wildscheiben auch kniend, stehend

Wer Geld sparen möchte, übt anfangs mit kostengünstigen Kalibern wie z. B. der .22 lfB..

angestrichen und freihändig, liegend und sitzend beschießen. Außerdem die Entfernung verändern, die Vergrößerung des Zielfernrohres variieren und die offene Visierung nutzen, um für möglichst alle Situationen im Revier gewappnet zu sein.

161 Schießscheiben – rasch aufgehängt

Die, wie in Tipp 162 beschriebenen, selbst hergestellten Kartons werden mit Fold-Back-Clips an der Scheibe befestigt. Das muss nicht über der Mitte sein, man kann die Ecken der Scheibe genauso gut beschießen. Hinterher werden die Löcher alle zusammen mit Schusspflastern zugeklebt. Beklebt man diesen Karton mit mehreren Markierungspunkten, kann man die Scheibe länger stehen lassen, weil man im Zielfernrohr die Einschüsse erkennt und so Zeit spart.

Einfach und praktisch: selbstgemachte Anschussscheibe, mit Fold-back-Clips befestigt.

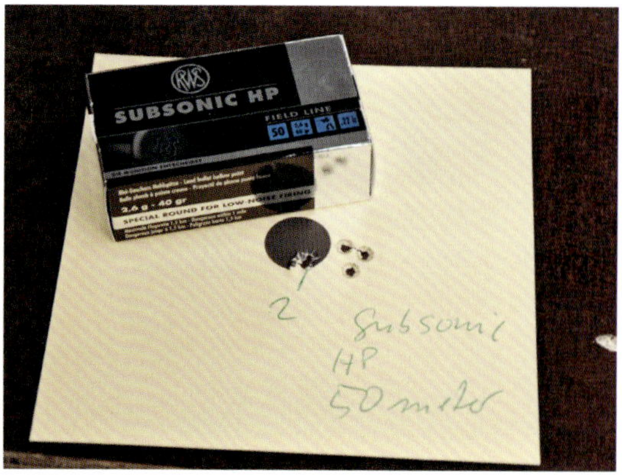

Eine einfache Schießscheibe kann man selbst herstellen.

Reicht der zweite Schuss nicht aus, sind Sie gewappnet.

162 Schießscheiben selbst gemacht

Kurz vor Aufgang der Bockjagd bieten Scheiben auf den Schießständen oft ein trauriges Bild: Die „Zehn" ist ausgeschossen und mit Schusspflastern neu modelliert, das ursprüngliche Ziel fast nicht mehr zu erkennen. Von solchen Zuständen kann man sich unabhängig machen: Auf einen DIN-A4-Zeichenkarton von 160 oder 220 Gramm (einfaches Schreibpapier ist zu „lappig") druckt man mithilfe des Computers einen schwarzen Kreis und ggf. noch ein Zentimeter-Raster oder klebt einen Markierungspunkt auf. Punkte von 18 mm Durchmesser haben sich auf 50 Meter zum Einschießen der Hornetbüchse bewährt. Da sie in Leuchtfarben gehalten sind, hebt sich das schwarze Absehen dagegen besser ab als gegen dunkle Schusspflaster.

163 Schnell nachladen mit der Doppelbüchse

Hält man bei der Jagd mit der Doppelbüchse zwei Ersatzpatronen zwischen den Fingern der linken Hand (Rechtsschütze), hat man sie schnell zur Hand und kann blitzartig nachladen.

164 Schraubensuche ade!

Damit (bei einer Reparatur) kleine Schrauben nicht verloren gehen, klebt man sie auf ein breites Klebeband. Sie sind dann schnell griffbereit und „kullern" nicht herum. Vor allem aber sucht man sie nicht zeitraubend oder muss sie, weil unauffindbar, gar durch andere ersetzen.

ZUSATZTIPP Zeichenkarton für die Schießscheibe bekommen Sie im Schreibwarenhandel. Wenn ein schwarzer Zielpunkt ausreicht, kann eine einmal erstellte Vorlage nach Bedarf einfach kopiert werden.

165 Bügelbrett als Anschusstisch

Fehlt für einen sicheren Kontrollschuss im Revier ein Anschusstisch, bietet sich als Behelf ein zusammenklappbares Bügelbrett an. Es kann bequem zu dem Platz transportiert werden, an dem das Gewehr eingeschossen werden soll. Die in verschiedenen Höhen arretierbaren Füße erlauben es, genau die gewünschte Höhe einzustellen. Auf das Bügelbrett legt man einen Sandsack oder die zusammengefaltete Jagdjacke und bekommt so eine stabile Auflage.

166 Selbst Einschießen bringt Sicherheit

Vor einer Jagdreise schießen Sie Ihre Waffe selbst ein, und zwar mit einer gebräuchlichen Patronensorte und sowohl mit Zielfernrohr als auch über offene Visierung. Sollte das Zielfernrohr beschädigt werden, kann man auf Kimme und Korn ausweichen.

167 Klopapier für Waffen

Für die Waffenpflege hat sich Toilettenpapier gut bewährt. Es wird statt der teuren Bürsten und Filze um den Werghalter gewickelt und reinigt ebenso gut.

168 Größer ist besser

Kaufen Sie den größten Waffenschrank, den Sie sich leisten und unterbringen können. Sie werden staunen, was Sie außer Waffen noch in dem guten Stück verwahren werden: Schmuck, Urkunden, Dokumente etc.

Ein Bügelbrett als Anschusstisch ist zusammengeklappt problemlos zu transportieren.

Für jede Schraube den passenden Dreher.

169 Anschussscheiben mitnehmen

Notieren Sie nach dem Einschießen Ihrer Waffen die verschossene Laborierung auf der Anschussscheibe und legen Sie die Scheibe zu Ihren Patronen, um jederzeit nachprüfen zu können, wo der Haltepunkt mit der fraglichen Laborierung liegt.

170 Für jede Schraube den passenden Dreher

Nutzen Sie für Ihre Waffe nur exakt passende Schraubendreher, lassen Sie sich diese – wenn Sie es nicht selbst können – vom Büchsenmacher passend schleifen und bewahren Sie diese Werkzeuge im Waffenkoffer auf.

171 Bei Frost nur Fett statt Öl

Besonders bei Temperaturen im zweistelligen Minusbereich sollten Waffen vor der Jagd nicht stark geölt sein. Das Öl wird zähflüssig und kann den Ladevorgang hemmen. Es empfiehlt sich, das Gewehr vor der Jagd zu entölen und die Gleitflächen mit technischem Fett zu bestreichen.

172 Verstreichwachs selbermachen

Um die Fugen zwischen Holz und Metall an Waffen abzudichten, schmilzt man zu gleichen Teilen reines Bienenwachs und Rindertalg. Mit braunem Farbpulver vermischt, fällt es an Waffen nicht auf. Diese Mischung hat gegenüber dem handelsüblichen Verstreichwachs den Vorteil, dass sie nicht eintrocknet, schrumpft oder wegbröckelt.

173 Train as you fight

Bei der Armee ist es üblich, so zu trainieren, wie man auch im Einsatz gekleidet ist, so gewöhnt man sich an die Einschränkungen durch die schusssichere Weste und Helm. Bei der Jagd ist das nicht anders. Tragen Sie daher beim Einschießen und im Schießkino die Kleidung, die Sie bei der Jagd auch tragen werden. Also nicht im dicken Wintermantel einschießen und dann in Afrika nur mit einem Hemd zur Jagd gehen oder umgekehrt mit Weste im Schießkino und dicker Winterjacke auf der Drückjagd. Die Schaftlänge und das Handling verändern sich je nach Ausrüstung.

174 Trockenübungen

Für manchen Jäger ist der stehend freihändig abgegebene Kugelschuss ein Schreckgespenst. Trockenübungen auf die DJV-Luftgewehrscheiben „Bock", „Fuchs" oder „Sau" mit dem gewohnten Gewehr auf gut zehn Meter schaffen Abhilfe. Die Größe der Abbildungen entspricht im Zielfernrohr einer Zielentfernung von ungefähr 100 Metern.

175 Üben: Schießen unter Stress

Stress-Situationen vor der Schussabgabe, zum Beispiel das Erklimmen eines steilen Hügels, anstrengendes Kriechen, Spurt oder ungewohntes, schnelles Besteigen einer hohen Kanzel sind nicht selten. Beim Anschießen sollte man vorher zehn oder besser zwanzig Kniebeugen machen. Der Puls wird zwar rasen, zumindest, wenn man untrainiert ist. Der anschließende Schuss mit klopfendem Herzen auf die Scheibe ist aber eine gute Übung für die Praxis.

176 Übung macht den Meister

Schießkinos erfreuen sich nur bei verhältnismäßig wenigen Jägern größerer Beliebtheit. „Zu teuer" ist eine häufige, aber unzutreffende Ausrede. Man kann schnelle Zielerfassung, In-Anschlag-Gehen und Schussabgabe durchaus auch mit .22 lfB anstelle kostspieliger Munition üben. Ist das Schießen mit der „Ersatzwaffe" in Fleisch und Blut übergegangen, gibt man sich mit der eigentlichen Drückjagdbüchse den letzten Schliff.

Regelmäßiges Kniebeugen-Training erleichtert auch das Hocken.

177 Waffen fotografieren!

In einer ruhigen Minute sollte man seine Waffen und andere Wertgegenstände (Dokumente) ablichten. Im Falle eines Diebstahls kann man der Polizei und der Versicherung damit weiterhelfen. Auf jeden Fall sollte man die Bilder ausdrucken, denn bei einem Einbruch könnte der Computer mit den Bildern gleich mit verschwinden.

178 Vaseline zur Waffenpflege

An einigen Waffenteilen (wie an Stellen, die im Schaft oder in der Verschlusslaufbahn liegen) kann Waffenöl nicht effektiv wirken, weil es abläuft. Hier ist Vaseline angebracht. Die Teile werden dünn eingepinselt (evtl. mit einer Zahnbürste), schon läuft der Verschluss sicher und zuverlässig, und die Teile unter dem Holz sind vor Rost geschützt.

Für den Fall der Fälle: Waffe mit Maßangabe fotografieren.

179 Und noch mehr Platz

Stellt man jede zweite Waffe im Waffenschrank auf die Mündung, gewinnt man viel Platz. Repetierbüchsen können dichter zusammengestellt werden, wenn die Kammer geöffnet oder der sperrige Kammerstängel entfernt ist.

Mehr Platz im Waffenschrank: Waffen werden auf die Mündung gestellt.

Der Waffenhalter aus Karton schont den Schaft.

180 Waffenhalter aus Pappkarton

Einen leichten Waffenhalter, beispielsweise zum Justieren des Zielfernrohrs, kann man aus einem Pappkarton herstellen, der an den beiden kurzen Seiten keilförmig eingeschnitten wird, sodass die Waffe darin liegen kann. Der Karton zerkratzt den Schaft nicht und reicht als Provisorium aus.

181 Waffenöl sparen

Spraydosen haben den Nachteil, dass beim Sprühen Öl im Raum verpufft und die Wohnung nach Spray riecht. Einfacher ist es, Waffenöl in der altbewährten Flasche zu kaufen und in eine Plastikeinwegspritze zu füllen. Die dünne Spritzkanüle bewirkt, dass man umweltfreundlich und sparsam, gezielt und relativ geruchlos auch an die verstecktesten Stellen der Waffe gelangt. Natürlich hat sich eine Ölspritze auch für andere Gelegenheiten (quietschende Türen) bewährt.

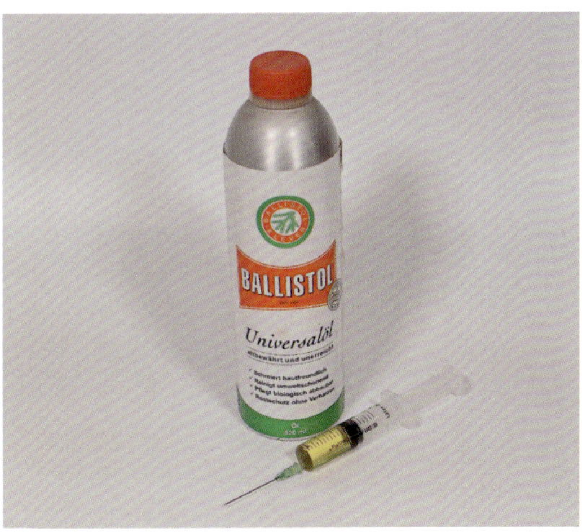

Waffenöl wird in eine Plastikeinwegspritze gefüllt.

182 Wagenheber als Anschussbock

Wagenheber sind in der Höhe verstellbar. Das kann man sich beim Ein- oder Anschießen einer Waffe zunutze machen, indem man den Wagenheber auf einem Tisch platziert und ein Sandsäckchen darauflegt. Schon lässt sich die Höhe nach Belieben einstellen.

183 Wenn der Flintenschaft nicht passt

Liegt die Flinte nicht perfekt und muss der Schaft angepasst werden, hilft ein Verlängern oder Verkürzen meistens nicht weiter. Ein Schaft lässt sich biegen. Dazu wird er (vom Büchsenmacher) in eine Biegevorrichtung gespannt und mit einem Schlauch wird heißes Öl über die Stelle geleitet, die gebogen werden soll. Ist das Holz weich, wird der Schaft mit Hilfe von Schrauben in die gewünschte Richtung gebogen und fixiert. Nach dem Abkühlen kann er aus der Vorrichtung genommen werden. Er biegt sich zwar etwas zurück, behält aber in etwa die vorgegebene Form.

Ein in der Höhe verstellbarer Wagenheber.

184 Zahnbürsten für die Waffenpflege

Wer seine Zahnbürste alle drei Monate wechselt, hat immer ein Werkzeug für die Waffenpflege zur Hand. Die Bürsten können mit „Öl" oder „Fett" markiert werden, je nachdem, wofür man sie verwendet.

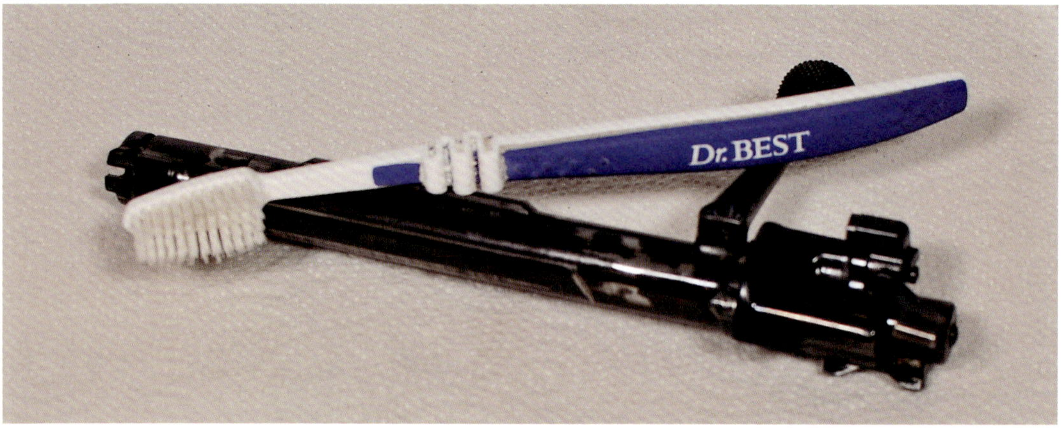

Zahnbürste als Werkzeug für die Waffenpflege.

185 Zahnpasta hilft

Eine unorthodoxe Methode, Waffenteile gängig zu machen, ist die Bearbeitung mit Zahnpasta. Besonders bei billigen Gewehren ist die Feinbearbeitung manchmal nicht perfekt ausgeführt. Das Schloss ist schwergängig oder eine Kipplaufwaffe lässt sich nur mit beträchtlichem Kraftaufwand öffnen und schließen. Ehe man zur Feile greift oder das gute Stück zum Büchsenmacher trägt, sollte man ein wenig Zahnpasta auf die hakenden Metallteile schmieren. In der Paste befinden sich feine Schleifpartikel, die den Grat oder die Unebenheit an den gleitenden Metallteilen schonend abschleifen. Anschließend die Creme mit Wasser abwaschen und das Gewehr mit einem Föhn trocknen.

ZUSATZTIPP Einfacher ist das Abwaschen der Zahnpasta mit heißem Wasser. Das Metall heizt sich dadurch auf, man braucht die Tropfen nur abzuschütteln und die Reste verdampfen auf dem heißen Metall.

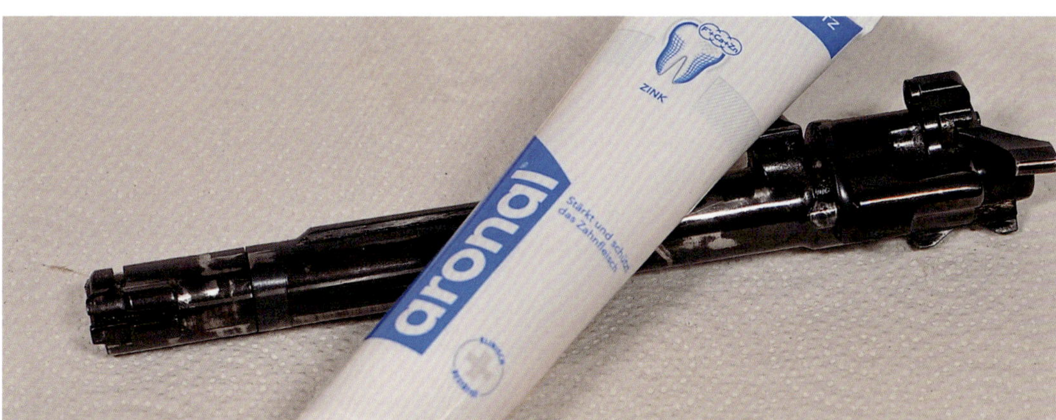

Zahnpasta macht hakende Metallteile schonend wieder gängig.

REVIER, WILDHEGE, FALLENJAGD

TIPPS FÜR – REVIER UND WILDHEGE

Ob clevere Ideen für das wildfreundliche Jagdrevier, damit sich seine Bewohner wohlfühlen, ob Ratschläge zur Verbesserung jagdlicher Einrichtungen und Hilfsmitteln, damit der Erfolg für den Waidmann nicht ausbleibt – es gibt viele Tipps und Tricks, die dazu beitragen!

186 Ablage vor Hochsitzfenster

Eine Ablage vor dem Kanzelfenster kann recht hilfreich sein. Dazu nagelt man an die Seitenwände jeweils eine Latte, auf die ein Brett gelegt wird, das sich verschieben lässt. Mit Teppich bezogen dämpft es Geräusche und man kann das Jagdglas sowie die Waffe (in Schussrichtung) ablegen.

187 Alles Gute kommt von oben

Ansitzleitern sollten von oben her beginnend mit Sprossen versehen werden, damit die obere Sprosse den richtigen Abstand zur Sitzfläche erhält. Von unten her benagelt, kommt die oberste Stufe oft nicht im richtigen Abstand zu liegen, und der Ansitz wird zur Qual.

188 Bequemer Hochsitz

Je bequemer ein Hochsitz ist, desto ruhiger sitzt man, und desto größer sind die Chancen auf Anblick. Die Rückenlehne sollte leicht nach hinten geneigt sein und ein bequemes Zurücklehnen gestatten. Oft lohnt es sich, einen weniger komfortablen Sitz mit einer zusätzlich aufgenagelten Platte aufzuwerten.

189 Billiger Bastansitz

Bast-, Stroh- oder Reetmatten, wie sie in Gartengroßmärkten angeboten werden, eignen sich nicht nur als Sichtschutz gegen Nachbarn, auch vor den Blicken des Wildes kann man sich hinter ihnen verbergen. Problemlos lässt sich aus ihnen ein transportabler Ansitzschirm bauen. Fensteröffnungen werden mit der Gartenschere ausgeschnitten, und damit die scharfkantigen Stängel nicht ausfransen, der Jäger zudem eine weiche

Diesem Sitz sieht man schon an, wie unbequem er ist.

Mit einer schrägen Rückenlehne sitzt man entspannter und somit ruhiger.

Gewehrunterlage beim Schießen hat, wird über das „Fensterbrett" das Stück eines aufgetrennten Gartenschlauchs gestülpt.

190 Dachpappe „aufweichen"

Um Kanzeln zuverlässig abzudichten, hat sich herkömmliche Dachpappe bewährt. Da das Material hart und spröde ist, lege man es auf einen von der Sonne erhitzten Schotterweg oder eine Teerstraße, schon wird die Pappe geschmeidig und lässt sich besser verarbeiten.

191 Das dritte Bein

Hochsitzleitern werden stabiler, wenn in der Mitte der Sprossen ein dritter Holm angenagelt wird. Jeder Tritt belastet die Sprossen gleichzeitig, die Leiter wird sicherer und hält länger.

192 Die Feuerwehr – dein Freund und Helfer

Ein ausgemustertes Stück Löschschlauch entschärft auf Leitersprossen die Rutschgefahr. Auf die entsprechende Länge geschnitten und längs aufgeschlitzt, anschließend mit dem Gewebe nach oben mit Dachpappnägeln auf die Sprossen genagelt, bietet der Schlauch Schutz und Sicherheit beim Besteigen des Hochsitzes. Über die (Fenster-)Brüstung gestülpt, liefert so ein Schlauch auch eine weiche Gewehr- oder Fernglasauflage.

193 Doppelt hält besser

Die oberste Stufe einer Ansitzleiter sollte besonders breit sein und von hinten eine zweite Sprosse dagegen genagelt werden. Wenn man sich umdrehen muss, steht man auf zwei Sprossen sicherer und die Füße ermüden nicht so schnell.

Dünne Leitersprossen werden nur für untere Leiterbereiche verwendet.

194 Dünne Leitersprossen unten

Stehen unterschiedlich starke Sprossen für den Bau einer Hochsitzleiter zu Verfügung, verwende man die dünnen für den unteren Leiterbereich. Sollte trotz aller Vorsicht wider Erwarten eine Sprosse brechen, geschieht das nahe dem Erdboden.

Ein hervorstehender Nagel lässt sich mit einem Flaschenkorken „entschärfen".

195 Es piekt nicht mehr

Ragt im Hochsitz ein spitzer Nagel hervor, besteht Verletzungsgefahr. Man kann ihn „entschärfen", indem man einen Korken auf die Spitze steckt. Auch ein Holunderzweig mit seinem weichen Mark eignet sich als Provisorium.

196 Frostfreie Vorhängeschlösser

Kanzelschlösser frieren im Winter oft zu, besonders wenn sie zur Wetterseite ausgerichtet sind. Guter Rat ist teuer, wenn man auf der Leiter steht und nicht ins Innere der Kanzel gelangt. Befestigt man ein entsprechend großes Gummistück eines ausgedienten Autoschlauchs über dem Vorhängeschloss, bleibt es vor Regen geschützt, und der Frost hat das Nachsehen. Ein „Mauspad", wie es bei der Arbeit am Computer verwendet wird, tut es auch.

197 Gegen rutschende Eisensprossen

Bestreicht man Eisenleitern mit einer Farb-Sand-Mischung, sind sie rutschfest, und auch das Quietschen unter den Gummisohlen ist vorbei. Sand, der zum Sandstrahlen benutzt wird, eignet sich besonders gut.

198 Praktische Gewehrablage

In Baumärkten und Werkzeuggeschäften gibt es kunststoffummantelte Haken, aus denen man eine praktische Gewehrablage fertigen kann. Sie werden in die Fensterbank des Hochsitzes geschraubt, das Gewehr liegt nun sicher und griffbereit in Schussrichtung neben dem Sitz und kann lautlos gegriffen werden.

Ummantelte Haken aus dem Baumarkt werden zu einer sicheren Ablage für die Jagdwaffe.

199 Gewehrauflage aus Fahrradreifen

Auf die Hochsitzbrüstung genagelte Teile eines Fahrradreifen-Mantels bieten eine sichere, geräuscharme sowie rutschsichere Gewehrauflage und schützen das Holz.

200 Gewohnheit macht vertraut

Leicht stößt man beim Besteigen des Hochsitzes oder in einer engen Kanzel mit der Waffe oder dem Fernglas an. Befestigt man mit einer Schnur ein Stück Holz so am Hochsitz, dass es bei Wind gegen einen Holm oder die Kanzelwand schlägt, gewöhnt sich das Wild an klappernde Geräusche und wird nicht beim leisesten Laut abspringen.

201 Glitschige Leitersprossen

Bei anhaltend feuchter Witterung siedeln sich auf Kanzelböden und Leitersprossen Flechten und Moos an, die ein Besteigen des Sitzes gefährlich machen, da man leicht ausrutscht. Die unerwünschten Minipflänzchen lassen sich mit der scharfen Kante einer Glasscherbe abschaben oder noch einfacher problemlos mit Salzwasser abwaschen.

Im Nu angebracht und als Gewehrauflage ideal: ein Stück Isolationshülle aus Schaumstoff.

202 Graffiti zur Tarnung

Jutesäcke eignen sich gut zum Verblenden von Ansitzschirmen. Mit grüner und schwarzer Farbe aus der Spraydose behandelt, liefern sie zusätzlich perfekte Tarnung.

Hochsitztaufe: Ein Namensschild am Hochsitz erleichtert die Zuordnung.

203 Hochsitzbrüstung „isoliert“

Eine besonders weiche Gewehrauflage für die Kanzelbrüstung bieten aus Schaumstoff gefertigte Isolationshüllen für Warmwasserrohre. Sie sind bereits längs geschlitzt und lassen sich prima auf die Hochsitzbrüstung stecken. Man bekommt sie im Baumarkt.

204 Hochsitztaufe

Viele Hochsitze haben einen Namen. Der „Putzlumpensitz“, der „Eifelturm“ oder der „Schräge Heinrich“. Kleine Messingschilder, mit Schlagzahlen beschriftet und an den Hochsitz genagelt, nehmen einem Jagdgast die Unsicherheit, sich auf einem falschen Sitz niederzulassen. Und die Taufe eines neuen Sitzes kann ein geselliges Ereignis nach der anstrengenden Bautätigkeit sein.

205 Immer gut bedacht

Man sollte beim Bau einer Kanzel den Dachüberstand äußerst großzügig wählen. Er schützt vor Regen – das Holz der Seitenwände leidet nicht – und spendet Schatten gegen Sonnen- und Mondlicht. Außerdem regnet es nicht so leicht in die geöffneten Fenster. Allerdings hat ein großer Dachüberstand auch Nachteile: Der Wind findet mehr Angriffsfläche – das Dach muss also gut befestigt werden!

206 Intakte Dachpappe

Dachpappe reißt beim Nageln leicht ein. Um das zu vermeiden, setzt man entsprechend dimensionierte Unterlegscheiben ein oder verwendet breitrandige Pappnägel.

207 Klemmende Kanzeltürverschlüsse

Normalerweise ist der Verschluss für nach außen zu öffnende Kanzeltüren auf der Tür angebracht. Er gleitet in den am Rahmen festgeschraubten Bügel und verschließt die Kanzel. Man erspart sich Verdruss, wenn man den Schieberiegel auf den Rahmen montiert. Er wird dann (ohne Öse) vor die Tür geschoben. Verzieht sich das Holz, kann nichts klemmen.

208 Kohle gegen Fäulnis

Schon die alten Wikinger wussten: Kohle konserviert. Hochsitzständer halten fast eine Ewigkeit, wenn der untere Teil „gegrillt", also kurz in ein Feuer gelegt wird, bevor man ihn in der Erde versenkt. Eine dünne Schicht Holzkohle schützt vor Fäulnis.

209 Kükendraht statt Krankenhaus

Die Leitersprossen von Hochsitzen und Holzstegen, die Gräben überqueren, werden bei Regen leicht glitschig – es besteht erhöhte Unfallgefahr. Um dem entgegenzuwirken, umwickelt man sie mit Kükendraht, den man auf der Rück- bzw. Unterseite mit breitrandigen Pappnägeln oder Krampen befestigt.

Um die Leitersprossen gelegter Kükendraht verschafft den Füßen sicheren Halt.

210 Mit sicherem Tritt

(Ausrangierte) Schleifbänder eignen sich gut, um Leitern, Tritte, Übergänge etc. zu „entschärfen“: Sie sorgen für einen sicheren Tritt und verhindern Unfälle. Auf Leitersprossen, Stege o. Ä. genagelt, machen sie das Holz rutschfest.

211 Natürliche Tarnung

Abgeschnittene Zweige sind für das Verblenden von Ansitzeinrichtungen ungeeignet. Werden sie nicht stetig erneuert, verunzieren sie die Landschaft, wenn sie verwelkt und verfärbt sind. Zum Verblenden und zur Tarnung verwendet man möglichst lebende Zweige der umstehenden Bäume, die man herabzieht und festbindet. Schon beim Bau des Sitzes überlege man, welche Äste in Frage kommen, und hüte sich, diese zu entfernen.

212 Natürlicher Fußbodenbelag

Fichtenzweige auf dem Fußboden von Erdsitzen oder Schirmen isolieren und dämpfen Geräusche. Sie verhindern auch, dass sich bei feuchter Witterung eine „Suhle“ im Schirm bildet.

213 Nistkästen gegen Vandalen

In Hessen wurden in regelmäßigen Abständen Hochsitze zerstört, in einem Revier blieben erstaunlicherweise die Ansitzeinrichtungen verschont, obwohl sie sich ebenfalls als „Opfer“ der Jagdgegner anboten. Schließlich wurde klar: An den Kanzeln hingen Nistkästen, deretwegen die „Tierfreunde“ sie unversehrt ließen. Resümee: Nistkästen an Hochsitzen sorgen für Abwechslung beim Ansitz und schützen vor Vandalismus.

Nistkästen an Hochsitzen schützen vor Vandalismus.

Eine ausrangierte Bauklammer wird zum haltbaren Griff.

216 Preiswerter Ansitzschirm

Transportpaletten sind oft nach dem ersten oder zweiten Einsatz ein Abfallprodukt, aber nicht für Jäger. Aus ihnen lassen sich problemlos leicht transportierbare Ansitzschirme herstellen. Drei (oder vier) dieser hölzernen Gestelle entsprechend platziert, bieten unauffällige Deckung.

217 Schneller Griff

Bauklammern eignen sich als haltbare Griffe an Hochsitzen. Einfach einschlagen und fertig!

214 Passt, wackelt und hat Luft

Im Sommer gebaute Kanzeln verziehen sich im Winter zwangsläufig. Bei Schnee oder Frost lassen sich dann die Türen nur unter großen Anstrengungen und mit Krach öffnen und schließen. Lässt man beim Bau ausreichend Spiel, ist die Kanzeltür auch bei nasser oder frostiger Witterung leise und leicht zu öffnen.

215 Pflegefreie Scharniere

Streifen aus ausrangierten Auto- oder Fahrradreifen eignen sich hervorragend als Fenster- und Türscharniere von Hochsitzen. Sie sind einfach anzunageln, quietschen und rosten nicht, sind fast unbegrenzt haltbar und brauchen keine Pflege.

Braucht kein Öl und quietscht doch nie: Scharnier aus Reifenschlauchgummi.

218 So halten Hochsitze länger

Zum Hochsitzbau sollte Lärchen- oder Douglasienholz verwendet werden. Es ist haltbarer als beispielsweise Fichtenholz, das schnell verwittert. Für Kanzelböden bieten sich Eichenbretter an. Achtung: nur getrocknetes Holz verwenden, frisches verzieht sich!

Mit etwas Seife gleitet der Nagel leichter ins Holz.

219 Dichtes Dach

Hochsitzdächer müssen besonders gut abgedichtet werden, denn einmal aufgestellt, wird eine Dachreparatur schwierig. Als zusätzlicher Schutz unter der Dachpappe sind Druckplatten aus der Offset-Druckerei ideal. Aus dünnem Alu-Blech bestehend, sind sie schon in mittelgroßen Druckereien in verschiedenen Größen zu erhalten – meist werden die Platten ohnehin entsorgt. Alublech hält fast unbegrenzt.

220 Ständer und Holme mit Stehvermögen

Um Pfosten von Hochsitzen an der Luft-/Erdreichgrenze gegen Fäulnis dauerhaft zu schützen, werden die gefährdeten Stellen mit Konservierungsmitteln gestrichen. Im Handel gibt es mit Konservierungsstoffen getränkte Matten, die man um die Pfosten wickelt.

221 Nageln wie geschmiert

Besonders in trockenes, hartes Holz lassen sich Nägel mitunter nur schwer einschlagen. Bestreicht man den Stahlstift mit Öl, Wachs oder Seife, rutscht er einfacher in das Holz. Um dessen Spalten zu verhindern, wird die Spitze des Nagels flachgeschlagen.

222 Sicher ist sicher

Bei vielen Ansitzleitern ist die Stange zum Auflegen des Gewehrs abnehmbar, damit man den Sitz bequemer beziehen kann. Da sie leicht verloren geht, sollte sie an einer Seite mit einem Draht und einer Kette gesichert werden.

ZUSATZTIPP Sinnvoll ist auch, die Leiterholme auf einem größeren Stein oder Eichenklotz aufliegen zu lassen oder mit etwas Luft zum Boden an Flacheisen zu schrauben.

Liegt Schnee auf der Sitzfläche ...

... dreht man das Holzbrett einfach um.

223 So steht der Hochsitz bombenfest

Egal, welchen Typ Hochsitz man baut: Die Regel „Vier Beine wackeln (fast) immer, drei Beine (fast) nie“ sollte beherzigt werden. Platziert man die Leiterholme vor dem Annageln der Sprossen so auf dem Boden, dass sie unten dicht beisammen liegen und dort, wo die Sitzfläche angebracht werden soll, die Holme etwa einen Meter auseinander, sodass ein „V“ entsteht, steht der Ansitz bombenfest.

224 Vorsicht Untermieter!

Sachliche Verbotsschilder halten ungebetene Besucher vom unerlaubten Besteigen der Hochsitze oft nicht ab. Wirkungsvoller sind Warnschilder mit der Aufschrift wie beispielsweise: Achtung Hornissen/Wespen etc. Sie wirken auf neugierige Spaziergänger besser als ein Vorhängeschloss.

225 Wendebrett für Trockenheit

Das Sitzbrett auf einer offenen Kanzel sollte nicht festgenagelt, sondern nur aufgelegt sein. Möchte man nach Regen oder Schnee ansitzen, braucht man es nur umzudrehen, um eine trockene Sitzfläche zu erhalten.

Ein dreibeiniger Drückjagdbock.

Split macht rutschige Bretter sicherer.

226 Beutel mit Split

Viele Ansitzböcke stehen das ganze Jahr über im Revier und sind zur Jagdsaison mit einer glitschigen Moos- und Algenschicht überzogen. Eine Tasse voll Split, wie er in Kisten am Straßenrand zum Streuen von Eis auf den Straßen verwendet wird, ist unschlagbar, um sich auf den Brettern einen sicheren Stand zu verschaffen. Der Jagdherr sollte kleine Tüten vorbereiten und den betreffenden Schützen mitgeben. Stürze vom Hochsitz sind eine der häufigsten Unfallursachen bei der Jagd.

227 „Verleitfährte"

Fühlt man sich bei der Fallenkontrolle von Spaziergängern beobachtet, kann die Inspektion nicht aufschieben und müsste warten, bis die Leute verschwunden sind, hilft folgender Trick: Mit einer Rolle Klopapier sucht man ein Gebüsch auf, wobei die Papierrolle auffällig zu sehen sein sollte, damit die Störenfriede zu ahnen glauben, was man in der Dickung vorhat. Sie werden kaum folgen und vor allem nicht nach einer Falle suchen.

228 Nie mehr eingefrorene Eisen

Aus frischen Fichtennadeln und -zweigen sowie Bienenwachs, die in einem Eimer mit Wasser aufgekocht werden, gewinnt man eine Brühe, die Fangeisen winterfest macht. Die Fallen werden so lange in den kochenden Sud getaucht, bis sie die Temperatur des Wassers angenommen haben. Beim Herausziehen bildet sich durch die oben schwimmende Wachs-Schicht ein dünner Wachsfilm, der ein Einfrieren verhindert. Zusätzlich ist das Fanggerät gut verwittert.

229 Reicht die Zeit zum Fallenstellen?

Bereits beim Bau oder Einbau der Fanggeräte im Sommer sollte man sich Gedanken machen, ob im Winter genügend Zeit bleibt, täglich zu kontrollieren. Im Dezember, der Hauptfangzeit, ist es nur zwischen acht Uhr morgens und fünf Uhr abends hell. Man kann die Fallen dann nicht vor oder nach seinem Dienst kontrollieren, weil es noch oder schon wieder stockfinster ist.

230 Sicherer Fangschuss mit doppeltem Boden

Es ist mitunter knifflig, ein Stück Raubwild in der Lebendfalle zu töten, also bedient man sich eines Abfangkäfigs. In die handelsüblichen Ausführungen kann man einen zweiten, beweglichen Boden einbauen, der sich mithilfe eines Seiles an das obere Gitter ziehen lässt. Wird er hochgezogen und das Wild so am oberen Gitter fixiert, ist ein gezielter Schuss mit der kleinkalibrigen Kurzwaffe kein Kunststück. Aber Vorsicht: Der Schuss mit einer Kurzwaffe so dicht an den eigenen Füßen kann gefährlich sein.

231 Bio-Kleber bei der Fangjagd

Frisches Eigelb klebt besser als mancher Klebstoff! Deshalb eignet es sich hervorragend, um einen Bindfaden zur Befestigung um ein Köderei zu kleben. Frisches Eigelb überdeckt außerdem den menschlichen Geruch auf dem Ei.

Frisches Eigelb ist ein guter Klebstoff.

Rettungspunkt für einen Notfall.

232 Rettungspunkte im Forst

Rettungsdienste verfügen nur in wenigen Teilen Deutschlands über geländegängige Fahrzeuge und mit Angaben wie „an der Schiefen Kanzel in Schröders Fichten“ können Helfer auch nichts anfangen. Zusam-men mit dem Kuratorium für Waldarbeit und Forsttechnik (www.KWF-Online.de) wurden Rettungspunkte festgelegt, die den Rettungsdiensten bekannt sind. Es gibt auch Schilder dafür, die diese kennzeichnen. Bei einer Alarmierung fährt der Rettungsdienst dann zu dem Rettungspunkt, wenn dieser dem Anrufer bekannt ist und mit durchgegeben wird. Dort sollte dann ein Ortskundiger warten und die Rettungsdienste einweisen. Das ist eine super Einrichtung, die leider noch viel zu wenig bekannt und auf der Jagd auch nicht kommuniziert wird.

Die Situation eines Unfalls auf der Jagd ist immer ungewöhnlich, sodass auch ungewöhnliche Maßnahmen getroffen werden müssen. Ein im Schlamm festgefahrener Sanitätswagen nützt niemandem.

Es ist erste Priorität, die Sanitäter zum Verunfallten zu bringen, und wenn das bedeutet, dass die Sanitäter und der Notarzt mit dem Trecker dorthin gefahren werden, weil keine anderen Fahrzeuge hinfahren können, dann wird das gemacht. Die Spezialisten stabilisieren den Verunfallten und übernehmen dann die weitere Rettung.

233 Äsung über das ganze Jahr

Wildwiesen sollten nicht nur einmal und vollständig, sondern in zeitlichen Abständen und in Teilstücken gemäht werden, damit das Wild immer nachwachsende, zarte Grünäsung vorfindet.

Ein gut sichtbarer Richtungspfeil aus Sägespänen.

234 Der „sichtbare" Pirschsteig

Sägemehl, auf den Pirschsteig gestreut, erleichtert es, in Dämmerung und Dunkelheit auch den verstecktesten Pfad zu finden. Außerdem ermöglichen die feinen Späne ein leiseres Pirschen. Pirschwege oder Hochsitze kann man mit biologisch abbaubarer Farbe markieren.

235 Dickungen aufwerten

Deckung ist für Wild immer wichtig, daher sollte das unverwertbare Holz, das bei der Jungwuchspflege in (Fichten-)Dickungen anfällt, an den Rand gezogen und als Sichtschutz aufgeschichtet werden. Es hält die Sauen im Revier. Betrachtet man solche Schonungen auf Augenhöhe der Sauen, erkennt man, dass das, was undurchdringlich erscheint, knapp über dem Boden kahl und auf weite Entfernung einzusehen ist.

Neonfarbe ist gut zu sehen und nach ein paar Tagen weggewaschen.

236 Die eigene Insel

Eine Europalette, mit Styroporplatten gefüllt, bekommt im Wasser so viel Auftrieb, dass sie ein Bruthaus und Grassoden als Begrünung trägt und nicht untergeht. Die Plattform wird mit einem an einem Seil befestigten Stein im See „geankert" und ist sicher vor zwei- und vierbeinigen Eierdieben.

237 Die schnellste Sulze der Welt

Füllt man eine Baumwolltasche mit Mineralstein oder Salz und hängt sie so in einen Baum, dass das Wild die Tasche nicht erreichen kann, hat man „die schnellste Sulze der Welt", denn alles andere erledigen Regen und Tau.

Nicht nur zum Transport geeignet: Die Baumwolltasche dient auch als „Salzspender".

238 Einfacher Tankwagen

Damit Hegebüsche nach dem Pflanzen nicht in der Hitze vertrocknen, müssen sie regelmäßig gegossen werden. Der Industriebedarfshandel bietet Fässer (IBC-Container) mit rund 800 Litern Fassungsvermögen in Gitterboxen auf Euro-Paletten an. Ein solches Fass lässt sich leer problemlos auf einen Auto-Anhänger heben und anschließend mit der Pumpe füllen. Aber Achtung: 800 Liter Wasser wiegen 800 Kilogramm und sind für kleine Nachläufer zu schwer.

239 Es geht auch ohne Luderschacht

Will man am Luderplatz erfolgreich Raubwild bejagen, kann man getrost auf den Luderschacht verzichten. In einen Reisighaufen wirft man einige Handvoll Weizen, wodurch Mäuse angelockt und gehalten werden. Es gilt, den Fuchs über längere Zeit zu beschäftigen, um ihn sauber zu strecken. Daher werden die Luderportionen in taubeneigroße Stücke geteilt und mit einem Spatenstich auf einer zehn mal zehn Meter großen Fläche verteilt eingegraben. Für Reineke ist natürlich, sich kleine Portionen zu suchen – wer kennt nicht den Fuchs auf dem Stoppelacker, der Mäusenester ausgräbt?

240 Felle für den Vogelschutz

Singvögel haben mit einem Schwund ihres Lebensraumes zu kämpfen und finden vielerorts nur schwierig natürliches Nistmaterial. Da kann der Jäger Abhilfe schaffen: Nach dem Aus-der-Decke-Schlagen oder Abbalgen werden von der Decke oder dem Balg Teile in Bäume gehängt.

Ein preiswerter und praktischer Wasserwagen für das Revier.

Die Vögel zupfen die Haare aus dem Fell und polstern damit ihre Nester. Ebenso kann man mit Stroh ausgestopfte Hasen- oder Kaninchenbälge verwenden oder auch die Federn von gerupftem Flugwild im Winter aufheben und im Frühjahr verstreuen. Die Vögel nehmen auch sie als willkommenes Nistmaterial.

241 Hasenapotheke

Niederwild benötigt eine Vielzahl von unterschiedlichen Gräsern und Kräutern. Wildackermischungen mit reichlich seltenen Pflanzenarten sollten nicht breitflächig, sondern vereinzelt angebaut werden. Mit einem Spaten stößt man (nicht zu tief!) in die Erde. Der Spalt im Erdreich wird etwas erweitert und nach Einstreuen des Saatguts wieder zugetreten. Die Aussaat ist eine Initialzündung, um Pflanzen anzusiedeln. Später sollen sie sich selbst vermehren.

242 Kein steifer Holzteer mehr

Holzteer wird bei längerer Lagerung fest bis hart und eignet sich nicht mehr unbedingt zum Bestreichen eines Malbaums. Man bekommt Teer wieder flüssig, indem man Speiseöl hinzugibt und kräftig umrührt. Das hat zusätzlich den Vorteil, dass der Teer mit dem Öl um bis zu 50 Prozent gestreckt werden kann.

243 Mal eine andere Perspektive

Beobachten Sie beim Pirschen ab und an auf Augenhöhe des Wildes. Bis zu einem Meter Höhe ist der Wald mitunter vom Wild kahl geäst und man kann weiter sehen, als auf Augenhöhe des Menschen.

Höhe des Widerrists von Rehbock (65 cm) und Rothirsch (120 cm).

So spart man Lecksalz: Bruchstücke in einem Nylonstrumpf gesammelt.

244 Neues Profil für den Malbaum

Wird ein Malbaum häufig von Sauen angenommen, verliert er sein „Profil“ und seine Anziehungskraft für das Schwarzwild. Je glatter die Flächen sind, desto stärker lässt die Attraktivität nach. Nagelt man starke Latten um den „abgenutzten“ Baum, schubbern sich die Schwarzkittel wieder nach Herzenslust daran.

245 Pfahlsulze im Eigenbau

Eine Pfahlsulze lässt sich mit einfachen Mitteln und wenig Aufwand errichten: Ein Pfahl oder Baumstammrest wird am oberen Ende ringsum mit kurzen Brettern benagelt, sodass ein grober, sich nach oben möglichst leicht vergrößernder Lattentrichter entsteht. Hier hinein wird das Salz gelegt. Die Niederschläge erledigen den Rest.
Noch rascher geht es, wenn man einen starken Nagel auf etwa 1,50 Meter Höhe in einen abgesägten Baumstamm schlägt und darauf einen Leckstein steckt.

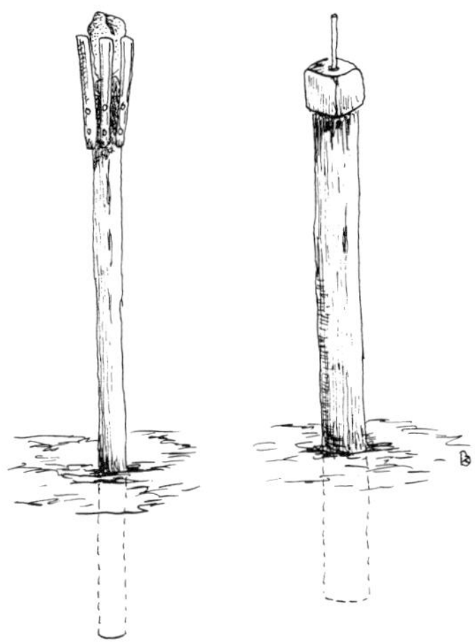

Pfahlsulzen lassen sich mittels angenagelter Dachlattenstücke errichten.

247 Salzlecke besonders einfach

Salz ist als Mineralstoff für alle Wildarten unentbehrlich und darf in keinem Revier fehlen. Pro 30 Hektar Fläche sollte eine Sulze vorhanden sein. Das Salz muss aber hoch angebracht sein, damit das Wild nicht direkt daran lecken kann, sondern von der am Pfahl herablaufenden Lösung nimmt. So kann man geknickte oder abgebrochene Bäume bzw. Baumstümpfe in etwa 1,50 Metern Höhe keilförmig einsägen, die Rinde entfernen und den handlich zurechtgespaltenen, vierkantigen Salzstein in den Keilschnitt klemmen – schon ist die Salzlecke fertig. Der Regen spült das Salz den Stamm hinunter und setzt die Sulze in Funktion.

246 Schneisen und kein Durchblick

Lange, gerade Schneisen im Wald bieten zwar Äsung, kommen aber mit ihrer weiten Einsehbarkeit dem Sicherheitsbedürfnis des Wildes nur unzureichend entgegen. An die Ränder des Eingangs abwechselnd angepflanzte Büsche versperren die Sicht in die Schneise, lassen sich aber mit dem Auto umfahren.

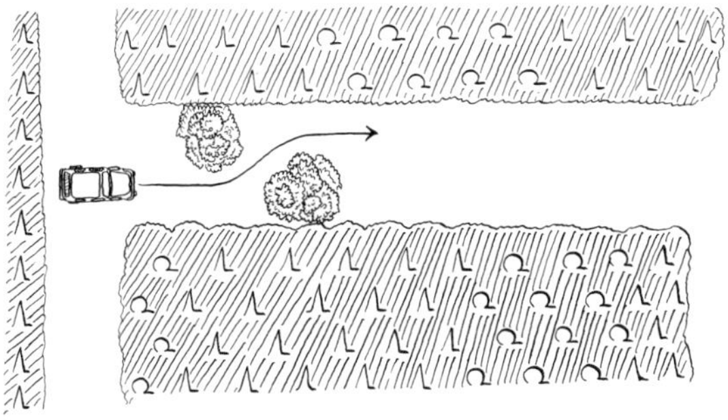

Büsche versperren die Einsicht in Schneisen, behindern aber nicht die Durchfahrt.

248 Schrotschussdistanz einfach ermitteln

Man nimmt eine 30 Meter lange Schnur, bindet sie am Hochsitz fest und spannt sie. Am Ende der Schnur schlägt man dann als Markierung für den Schrotschuss an unterschiedlichen Stellen einen Pflock in die Erde.

249 Schutz der Fasanenschütte

Schütten sollen dem Hühnervolk nicht nur Futter, sondern auch einen geschützten Unterschlupf bieten. Damit der Habicht nicht den Besatz zehntet, legt man sperrige Zweige so auf das Schüttendach, dass deren Enden bis auf die Erde reichen. Sie bilden einen Schutzschild, hinter dem sich die Hühnervögel verstecken können. Um zum Beschicken die Verblendung entfernen zu können, werden immer einige Zweige zu einem Bündel zusammengebunden, das sich mit einem Griff leicht anheben lässt.

Brombeeren lassen sich leicht vermehren und verpflanzen.

250 Unwiderstehlich: die Mäuseburg

Mäuseburgen eignen sich hervorragend, Raubwild anzukirren. Eine einfache Möglichkeit ist, aus Einwegpaletten einen Turm zu bauen, der mit Stroh ausgestopft wird. In die Hohlräume streut man Weizen, um die Mäuse darin zu halten. Das Ganze wird mit einer Plane (alte Düngersäcke) und Stroh sowie Fichtenzweigen oder Reisig abgedeckt. Die Mäuse richten sich in der Burg häuslich ein und Reineke Fuchs findet Fraß.

251 Vielseitige Brombeeren

Die Brombeere behält ihre Blätter bis in das Frühjahr hinein. Noch mehr als die Weide entwickelt sie mit ihren langen, dornenbesetzten Trieben einen undurchdringlichen Wirrwarr, das dem Niederwild gute Deckung bietet. Die Brombeere lässt sich leicht verpflanzen, indem man lange Triebe mit einer Astgabel in der Erde fixiert. Nach einem Jahr wird der Trieb von der Mutterpflanze abgeschnitten, der Wurzelballen ausgegraben und an anderer Stelle eingegraben. Brombeerpflanzen lassen sich auch vermehren. Einige Triebe werden aus dem Busch entwirrt, lang ausgezogen und mit einem Holzhering an den Boden gepflockt, wo sie in den meisten Fällen anwachsen.

252 Weiden – hilfreiche Freunde

Weiden haben im Revier einen vielfältigen Nutzen. Als Prossholz bieten sie Hasen etwas zum Verbeißen, Rehwild findet an den Knospen Gefallen und Enten brüten in den geköpften Stämmen. Um Weiden zu vermehren, steckt man abgeschnittene Triebe – daumendick sollten sie

Weiden sind nässeverträglich und wachsen am Uferrand.

schon sein – an feuchten Stellen in die Erde. Man kann auch die beim Köpfen der Weiden anfallenden armdicken Stangen auf einen Meter kürzen, anspitzen und mit dem Vorschlaghammer in den Boden rammen, bis nur noch eine Handbreit aus der Erde ragt. So verbuschen die Weiden nach dem Anwachsen und bieten dann mehr Deckung.

253 Der salzsparende Nylonstrumpf

Beim Zerschlagen großer Naturlecksteine fallen viele kleine Brocken an. Diese in einen Nylonstrumpf gepackt und an einer Stocksulze festgehängt, helfen Salz zu sparen und erfüllen denselben Zweck wie ein großer Leckstein, von dem das Salzwasser tropft. Zusätzlich tarnt der dunkle Strumpf das helle Salz vor den Blicken der Spaziergänger.

254 Einfache Fasanenschütte

Wie kaum eine andere Wildart spricht der Fasan auf Hege und sachgerechte Fütterung in der Notzeit an. Eine Vielzahl einfacher Fütterungen, die regelmäßig beschickt werden, sind besser als wenige, riesige Dachkonstruktionen, die zu einem Magneten für Raubwild werden und kontraproduktiv sind. Stellt man Einwegpaletten dachförmig, auch alternierend, zusammen, und verblendet sie mit Fichtenreisern, können einfache Schütten jedes Jahr versetzt und so Infektionsquellen für Krankheiten vermieden werden.

Armdicke Weidenstangen werden in den Boden gerammt.

255 Keine ausgemähten Kitze mehr

Bevor eine Wiese gemäht wird, sollte sie mit dem Hund nach frisch gesetzten Kitzen abgesucht und anschließend mit Wildscheuchen, Papier bzw. Plastiksäcken u. Ä. bestückt werden, damit die Ricken nicht über Nacht ihren Nachwuchs wieder in das hohe Gras führen. Ein Kinderfest brachte mich auf die Idee, mein zeitraubendes, aber nicht hundertprozentiges Verfahren zur Kitzrettung zu überdenken. Ich nahm eine Handvoll Luftballons und knotete sie aufgeblasen um eine am nächsten Tag zur Mahd anstehende Wiese an Grashalmbüschel, Büsche oder Steine. Lustig schaukelnd brachten die bunten Ballons ungewohnte Bewegung und Unruhe ins Revier, zumal einige von Zeit zu Zeit mit lautem Knall zerplatzten. Nicht nur Rehe, auch Hasen meiden so vergällte Flächen. Über Jahre wurden in Wiesen, die kurz vor der Mahd mit Luftballons bestückt waren, weder Kitze noch Hasen ausgemäht.

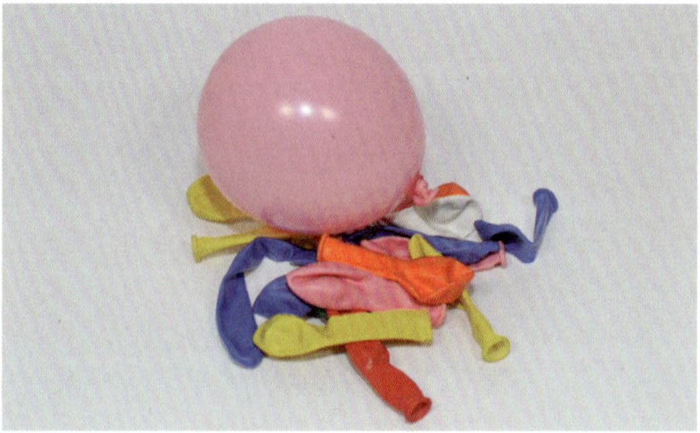

Bunte Luftballons für die Kitzrettung.

256 Kitzrettung mit Holundersaft

Die Setzzeit des Rehwildes und die Zeit, in der die Holunderbüsche in vollem Saft stehen, fallen jahreszeitlich zusammen. Muss man ein Kitz aus der Wiese tragen, reibt man vorher seine Hände mit dem Saft der Zweige ein, um die menschliche Witterung zu überlagern.

Holunderbüsche in vollem Saft stehend.

ZUSATZTIPP Fauligen Gestank erhält man, wenn man Einwegbecher aufhängt, in die man Ochsenblut (vom Schlachter) füllt. Das Mittel hat sich auch bewährt, um Kulturen oder Felder vor fegenden Rehböcken zu schützen.

257 Schluss mit Wildverbiss

Um Wild von Kulturen fernzuhalten, eignen sich Menschenhaare (beim Friseur erhältlich), aber die abschreckende Wirkung hält nur wenige Tage an. Verlängert wird sie, wenn man die Haare mit Haarspray besprüht. Noch wirksamer ist das Begießen der gefährdeten Stellen mit Buttermilch. Der Gestank ist intensiv und hält Wild nachhaltig fern.

Menschenhaar hält Wild fern.

258 Selbsttätige Fasanenfütterung

Eine selbsttätige Fütterung lässt sich einfach aus zwei Eimern herstellen. Ein Eimer erhält in der Mitte des Bodens ein Loch von etwa drei Zentimetern Durchmesser, zusätzlich einen Deckel und wird in einen zweiten Eimer gesteckt, der knapp über dem Boden rundherum etliche Löcher gleicher Größe aufweist. In das Gefäß mit Deckel füllt man Mais, mit Sonnenblumenkernen vermischt, und hängt es in einen Baum. Meisen, Eichelhöher und Co. fliegen den Eimer bald an und holen sich die Sonnenblumenkerne. Dabei scharren sie aus dem unteren Eimer den Mais und verteilen ihn auf dem Boden – alles ohne Batterien oder bewegliche Teile.

Aus zwei Eimern entsteht eine selbsttätige Fütterung.

Ein Speisesalzkarton als günstiger Leckstein.

259 Sicherer Katzen- und Rattenschutz

Auf einem Pfahl stehende Vogel- oder Entenbruthäuser sichert man mit einem umgedrehten Eimer. Zum Haus aufsteigende Ratten, Waschbären oder Katzen geraten so in eine Sackgasse. Aufgestellt werden Entenbruthäuser im Winter, wenn man auf dem Eis des zugefrorenen Sees gehen kann. Mit der Axt wird ein Loch in das Eis gehackt und der Pfahl in den Teichgrund getrieben.

260 So währt der Duft länger

Damit die Duftstoffe von Vergrämungsmitteln nicht in kurzer Zeit vom Regen fortgespült werden, stopft man mit entsprechenden Mitteln getränkte Schwämme in kleine Joghurtbecher oder ähnliche Behältnisse und nagelt sie an Holzlatten (oder Zaunpfähle), die rund um die gefährdeten Flächen in den Boden gesteckt werden.

261 Speisesalz – die preiswerte Alternative

Eine preiswerte Alternative zu schweren Lecksteinen, die man ins Revier transportieren muss, bietet eine Packung Speisesalz. Sie wird kaum gestohlen, weil sie relativ wertlos ist. Ein Karton mit einem großen Nagel auf den Pfahl geschlagen, kann je nach Witterung mehrere Monate vorhalten.

262 Fette Hennen legen nicht

Wird eine Fasanenschütte im Winter mit Mais beschickt, sollte man spätestens im Januar zu Weizen übergehen. Durch Mais werden die Hennen feist und legen weniger Eier.

263 Vom Nutzen der Müllbeutel

Auf Zweige am Waldrand gespießt oder auf Wiesen an in die Erde gesteckte Stöcke befestigte Mülltüten sind hervorragend als „Wildvergrämer“ geeignet. Weht der Wind und die Säcke plustern sich geräuschvoll auf, wird keine Ricke ihr Kitz auf die so bestückte Fläche führen – der Kreiselmäher kann kommen.

Plastikmüllbeutel vertreiben geräuschvoll das Wild.

JAGEN MIT DEM HUND

TIPPS – RUND UM DEN JAGDHUND

„Jagd ohne Hund ist Schund", eine Aussage, wahrscheinlich so alt wie das Waidwerk. Ohne vierläufige Jagdhelfer macht die Jagd keine Freude und ist nicht so erfolgreich. Damit das auch für unsere Jagdhunde gilt, hier ein paar praktische Ratschläge für Hund und Führer.

264 „Katzenaugen" für Jägeraugen

Auch im Dunkeln behält man den Hund im Auge, wenn man einen Speichenreflektor, wie er an Fahrrädern üblich ist, an der Halsung befestigt. Das „Katzenauge" wirft das Licht der Taschenlampe zurück und der Jäger sieht, wo sein vierläufiger Begleiter arbeitet. Bei der Wasserarbeit geht das allerdings nicht, denn ins Wasser wird ohne Halsung der Hund geschickt.

Katzenaugen für die Halsung.

265 „Natürliche" Hundefütterung

In der Wildnis frisst zuerst der Leithund, wenn das Rudel Beute gemacht hat, und manifestiert damit seine dominante Stellung. Erst wenn er satt ist, dürfen die anderen Rudelmitglieder nachrücken. Hundeführer sollten daher ihren vierläufigen Jagdbegleiter erst füttern, nachdem sie selbst gegessen haben, um die Rangordnung klarzustellen.

266 Dosierte Schweißfährte

Eine gut dosierte Schweißfährte entsteht, wenn man den Korken, der die Flasche mit dem Blut verschließt, der Länge nach einkerbt. So können nur Spritzer oder Tropfen entweichen. Wichtig ist, die Flasche nicht bis zum Rande zu füllen, damit darin eine Luftblase bleibt, die bei regelmäßiger Vorwärtsbewegung auch jedes Mal einen kleinen Spritzer Schweiß herauslässt.

267 Bei Schlittenhunden abgeschaut

Früher entfernte man die Haare von Jagdhunden im Zwischenbereich der Ballen, wenn sich hinderliche (und schmerzende!) Schnee-/Eisklumpen an den Pfoten bildeten. Da diese Haare eine wichtige Schutzfunktion haben, ist es ratsamer, die Ballen der Hunde mit Vaseline einzureiben. Abhilfe schaffen auch „Hundeschuhe" aus dem Schlittenhundebereich.

268 Den Hund das Schütteln lehren

Ihr nasses Fell schütteln Hunde impulsiv und ausdauernd, egal wo sie sich befinden. In der Jagdpraxis – und auf der Hundeprüfung – darf es beim Apport der (geflügelten) Ente aus dem Wasser vor dem Ausgeben nicht passieren, und im Auto ist es auch unangenehm. Das Schütteln auf Kommando kann man dem Hund beibringen: Pustet man ihm in den angehobenen Behang, schüttelt er reflexhaft den Kopf und dann den ganzen Körper. Verknüpft man das mit dem Befehl „Schütteln" und anschließendem Lob, begreift er die Lektion schnell. So kann man bestimmen, wann sich der Hund schütteln soll: vor dem Einsteigen ins Auto oder dem Gang in die Jagdhütte.

269 Den Totengräber überlisten

Natürlich, aber beim Jagdhund höchst unerwünscht ist, wenn der Vierbeiner seine Beute vergräbt, anstatt sie seinem Herrn abzuliefern. Sogenannte „Totengräber" bestehen keine Prüfung, da der Führer nicht weiß, wo die Beute vergraben ist. Ein langer, roter, an das Stück Wild gebundener Faden führt den Jäger allerdings zum Stück. Der Hund verbuddelt zwar seine Beute, aber nicht das vollständige, gut sichtbare Band, das den Abrichter problemlos an den Ort der Tat führt.

Wer einen „Totengräber" als Jagdgefährten hat, muss mitunter zu kleinen Tricks greifen.

Er verlässt den Beifahrersitz nicht, bis der „Chef“ oder die „Chefin“ zurückgekehrt ist.

270 Der Hund bleibt auf dem Beifahrersitz

Verlässt man sein Auto und muss den Hund zurücklassen, ist es ratsam, von der Seite des Beifahrersitzes aus fortzugehen. Der Hund wird seinen Herren aus der Richtung erwarten, aus der er verschwunden ist und auf dem Beifahrersitz ausharren. Bei der Rückkehr empfiehlt es sich, auch immer aus derselben Richtung zu kommen. So bleiben die anderen Autositze verschont von Schmutz und Haaren.

Erste-Hilfe-Set für Hunde.

271 Die Hundeapotheke

Eine Apotheke für Jagdhunde ist sinnvoll, auch wenn man sie hoffentlich nie braucht. Da hinein gehören: Anschrift und Telefonnummer von zwei Tierärzten (einer könnte im Urlaub sein), Ohrentropfen (bei unregelmäßig auftretenden Entzündungen), antiseptische Augensalbe (bei öfter tränenden Augen), Fieberthermometer, Zeckenzange, flache Pinzette, Desinfektionsmittel (Alkohol oder Jodtinktur), antibakterielle Wundsalbe, Vaseline oder Ballistol, Kamillentee (zum Auswaschen entzündeter Augen), Wattestäbchen, Zellstoff-Tupfer, Watte, elastische Binden, Schere,

Sicherheitsnadeln, Wurmmittel, Flohpulver, Nagelschere sowie der Impfpass. Bei Medikamenten das Verfallsdatum beachten!

272 Ausziehleine für die Ausbildung

Ausziehleinen, normalerweise ein Accessoire für „Stadthunde", eignen sich auch für die Ausbildung des vierläufigen Jagdbegleiters. Bindet man ein leichtes Apportl an die ausgezogene Leine und wirft es fort, kann man es durch den Schnappmechanismus einfach wieder einholen und den Jagdtrieb des Hundes wecken.

Ein Köder an der Ausziehleine kann fürs Jagdtraining genutzt werden.

273 Fang den Dieb

Manche Hunde neigen (oft durch falsche Prägung) zum „Stehlen": die Wurst vom Frühstückstisch, die Eier aus dem Hühnernest oder auch Schuhe und Socken, die sie dann genussvoll zernagen. Hier hilft ein Trick: Man legt eine gespannte Mausefalle, die bei der leichtesten Berührung zuschnappt (wegen Verletzungsgefahr mit einem Tuch bedeckt), neben das potenzielle „Diebesgut". Sie jagt beim Zuschlagen dem jungen Hund meistens einen so gehörigen Schreck ein, dass er spätestens beim zweiten Versuch, Verbotenes zu berühren, lernt, dass Herrchen alles sieht.

Die gespannte Mausefalle jagt dem „Schuhdieb" einen Schrecken ein.

274 Farn und Walnussblätter gegen Flöhe

Ein altes Rezept, um einer Flohplage Herr zu werden, ist, Farnkraut unter die Einstreu in der Hundehütte zu mischen. Aber aufpassen: Einige Farnarten sind geschützt und dürfen nicht für die Hundehütte missbraucht werden. Was auch hilft: Frisch gepflückte und getrocknete Walnussblätter werden in dünne Stofflappen gewickelt und unter die Decke im Hundekorb gelegt. Sie lassen Flöhe sofort die Flucht ergreifen. Die Wirkung hält mehrere Monate an.

275 Futter angewärmt

Geht man in der kalten Jahreszeit zur Jagd und soll der Hund danach Nassfutter bekommen, lege man die Futterkonservendose vorher auf die Heizung. Der Hund weiß diesen „Essensservice" zu schätzen. Das Futter lässt sich dann auch einfacher herausschütten, und es bleiben kaum Reste an der Dosenwand haften.

276 Haarfrei mit Klebeband und Strumpfhose

Hundehaare lassen sich mit Klebeband erstaunlich einfach von Polstermöbeln oder Autositzen entfernen. Auf die „befallenen" Stellen werden Streifen geklebt und abgezogen – kein Haar hält dieser Behandlung stand. Gut funktioniert auch eine Perlonstrumpfhose. Feuchtet man sie an, lassen sich Haare damit leicht vom Polster reiben.

Gegen ein stark haftendes Klebeband hat kein Hundehaar eine Chance.

277 Hilfen für das Nachsuchengespann

Wird auf einer Drückjagd ein bereits angeschossenes Stück Wild erlegt, ist es ratsam, den Aufbruch bzw. den Erlegungsort entsprechend zu markieren. So sieht der Hundeführer bei der Nachsuche sofort, dass er die Suche abbrechen kann. Wenn krankes Wild vorüberflüchtet, sollte man ebenso den Wechsel, die Spur oder Fährte verbrechen, um dem Nachsuchengespann die Arbeit zu erleichtern.

278 Hosenapport

In die an beiden Enden zugebundenen Beine einer ausrangierten Jagdhose werden mit Sand gefüllte Plastiktüten gesteckt und mit Bindfäden an den Enden der „Röhre" in quasi zwei Kammern fixiert. Um die Stabilität zu erhöhen, kann man zuvor in die Mitte des Hosenbeins ein Stück Holz ziehen. Schon ist der Apportierbock fertig. Sein Gewicht ist leicht durch die Menge des Sandes zu regulieren.

279 Hundefutter länger haltbar

Frischer Pansen, Aufbruchreste und Ähnliches lassen sich, vor allem im Hochsommer, bei normaler Lagerung nur kurze Zeit aufbewahren. Man kann die Fäulnis hinauszögern, indem man einen Behälter zu etwa drei Vierteln mit

Erstaunlich, wozu eine ausrangierte Jagdhose noch zu gebrauchen ist.

Fleisch füllt, mit einem Stein beschwert und dann bis obenhin Wasser hinzugießt. Der Behälter wird an einem schattigen Ort aufgestellt und das Wasser täglich erneuert. Pansen, Schlachtabfälle o. Ä. halten sich auf diese Weise auch bei hochsommerlichen Temperaturen über eine Woche. Der Wasserwechsel und das Abschwemmen der Fäulnisbakterien bewirken das. Ein Teil des Vitamin- und Mineralstoffgehaltes geht allerdings verloren und sollte durch gelegentliche Milch-, Lebertran- oder auch Futterkalkgaben ersetzt werden.

Mit einem Stein beschwert bleibt Pansen unter Wasser länger haltbar.

280 In Augenhöhe

Fressnäpfe aus Cromargan für unsere vierläufigen Jagdhelfer sind zwar hygienisch und haltbar, werden aber beim Leeren oft mit lautem Scheppern auf dem Fußboden hin und her gerutscht. Ein Eimer, je nach Größe des Hundes, halb- oder viertelvoll mit Sand gefüllt und darauf den Napf gestellt, sorgt dafür, dass der Hund beruhigt fressen kann, ohne dass Chappi „Reißaus“ nimmt – und Herrchen seine Ruhe hat.

Kein Verrutschen des Hundenapfes: Er wird durch den sandgefüllten Eimer festgehalten.

281 Kein Knautschen mehr

Wenn junge Hunde zum Knautschen neigen, übe man das Apportieren mit einem rohen Ei. Fasst er zu fest zu, erlebt er sein „gelbes“ Wunder.

Knautschen: mit einem rohen Ei erlebt der Hund sein „gelbes Wunder“.

282 Knofel gegen Zecken

Knoblauch steht in dem Ruf, nicht nur gegen so manches Zipperlein und Vampire zu helfen. Bei einer schwedischen Studie an Soldaten, die vor Geländeübungen Knoblauchkapseln einnahmen, erwies sich, dass diese deutlich weniger Zeckenbisse als „knoblauchfreie“ Soldaten hatten. Eine knoblauchhaltige Mahlzeit vor dem Gang ins Revier schützt nicht nur den Jäger, auch unsere Hunde profitieren von diesem uralten Heilmittel: Ein bis zwei Zehen, klein geschnitten zwischen das Futter gemengt, unterstützen einen guten Allgemeinzustand des Jagdhundes und halten auch Flöhe und Zecken fern.

283 Muttterersatz

Kommt ein Jagdhundwelpe ins neue Heim, sind die ersten Nächte für den Vierläufer, aber auch für seine Zweibeiner, recht nervenaufreibend. Da der Kleine Mutter und Wurfgeschwister verloren hat, fühlt er sich einsam: Er quiemt, heult, jault, kommt nicht zur Ruhe und lässt auch sein Umfeld nicht zur Ruhe kommen. Ein Wecker, der laut tickt, in ein Tuch gewickelt und in den Hundekorb gelegt sorgt dafür, dass sich der Welpe nicht mehr einsam fühlt, und die Familie kann besser schlafen. Wahrscheinlich simuliert das Ticken den Herzschlag der Hündin – auf jeden Fall hilft es!

284 Wenn Schleppwild knapp wird

Bei feuchter Witterung wird Schleppwild nach wenigen Übungen unansehnlich und landet auf dem Luderplatz. Ist Übungsmaterial knapp, sollte man es nach der Hundearbeit in saugfähiges Papier einrollen, mit dem Föhn trocknen und bis zur nächsten Übung einfrieren. Bei der Hundeprüfung sollte allerdings stets frisches Schleppwild zur Verfügung stehen.

285 Ob Kind, ob Hund – Fencheltee hilft!

Haben Kinder Schluckauf, gibt man ihnen einige Löffel stark honiggesüßten Fencheltee. Bei unseren vierläufigen Jagdbegleitern erzielt so ein Tee dieselbe Wirkung, bei ihren Herren natürlich auch!

Fencheltee 8 bis 10 Minuten ziehen lassen und lauwarm verabreichen.

Getrocknete Pansenstreifen sind wertvolles Hundefutter und wochenlang haltbar.

286 Pansen trocknen

Pansen lässt sich in Streifen geschnitten und auf ein Stück Stoff (Jutesack) gelegt, gut konservieren. Einmal trocken, dient er dem Hund noch nach mehreren Wochen als gehaltvolles Futter.

287 Preiswerter Schweißriemen

Ein Jalousiegurt (aus dem Baumarkt) wird allen Anforderungen an einen Schweißriemen gerecht. Er ist gut zu greifen, verschleißfest und benötigt im Gegensatz zu Leder nicht die geringste Pflege. Mit roter Lackfarbe lassen sich am Ende des Gurts leicht „Warnmarkierungen" anbringen, und auch ein Karabinerhaken oder eine Schnalle kann problemlos an den „Fensterriemen" genäht oder genietet werden.

288 Rinnen muss der Schweiß

Um eine künstliche Fährte zu legen, braucht man natürlichen Schweiß. Ist ein Stück Schalenwild erlegt, wird er in Plastikflaschen gesammelt, gut geschüttelt und eingefroren. Oft gerinnt er aber spätestens beim Auftauen

Eine Prise Salz oder ein Schuss Essig verhindern das Gerinnen.

und verstopft die kleine Öffnung der Tropf- oder Spritzflasche. Abhilfe schaffen eine Prise Kochsalz oder ein Schuss Essig. Beides verhindert ein Gerinnen und übt bei der Suche keinen negativen Einfluss auf die Fährtenarbeit des Jagdhundes aus.

289 Sauerkraut ersetzt den Tierarzt

Junge Hunde verschlucken mitunter beim Spielen oder Zerbeißen spitze Knochensplitter, die in den Magen-Darmtrakt gelangen und für die kleinen Kerle Lebensgefahr bedeuten können. Als erste Hilfsmaßnahme wäscht man Sauerkraut unter fließendem Wasser gründlich aus und vermischt es mit dem gewohnten (Dosen-) Futter des Vierläufers. Das Kraut umwickelt die scharfen und spitzen Kanten des Fremdkörpers und reinigt so den Darm, oder der Mageninhalt wird erbrochen.

290 Spielerisch apportieren

Mit Fell überzogene Malerrollen eignen sich – ohne den störenden Handgriff, vollkommen gesäubert und mit Schweiß beträufelt – vorzüglich als Apportierbock für junge Hunde. Man kann die Rolle durch eine Gewindestange und entsprechende Schrauben oder Gewichte nach Belieben beschweren.

291 Standfeste Näpfe

Eine Gugelhupf-Kuchenform eignet sich perfekt als „nicht rutschender“ Futter- oder Wassernapf. Schlägt man einen Stock in die Erde und stülpt die Küchenhilfe darüber, kann der Hund sie nicht durch die Gegend schieben.

292 Ohne Metall ist es leiser

Wird der Jagdhund unter dem Hochsitz angeleint abgelegt, sollte das mit einer Leine ohne Metallteile geschehen. Metall blinkt, wenn sich der Hund bewegt, und metallische Geräusche verprellen das Wild so schnell wie kaum ein anderer Laut.

293 Hundeleben retten

Binden Sie den Hund niemals am Auto, beispielsweise an der Anhängerkupplung, fest. Das ist sträflicher Leichtsinn! Es wäre nicht der erste Hund, der vergessen und zu Tode geschleift wird.

294 Biologischer Flohschutz

Es ist ein altes Hausmittel, den Hundezwinger an einem Walnussbaum aufzustellen oder einen solchen neben den Zwinger zu pflanzen. Das ölige Aroma der Blätter hat auf Flöhe abschreckende Wirkung.

295 Zeitung statt Handtuch

Steht nach der Wasserarbeit kein Frotteetuch zur Verfügung, um den vierläufigen Jagdbegleiter trockenzureiben, sind Zeitungspapier oder eine Wolldecke eine brauchbare Alternative.

296 Traubenzucker für Hochleistungssportler

Mitunter verausgaben sich überpassionierte Jagdhunde dermaßen, dass sie kaum noch laufen können. Hochleistungssportler nehmen bei Erschöpfung Traubenzucker ein. Was für sie gut ist, wirkt auch bei Hunden. Traubenzucker sollte der umsichtige Hundeführer also bei Einsätzen seines Vierläufers immer dabeihaben.

Ein Walnussbaum vertreibt lästige Insekten – und trägt Früchte.

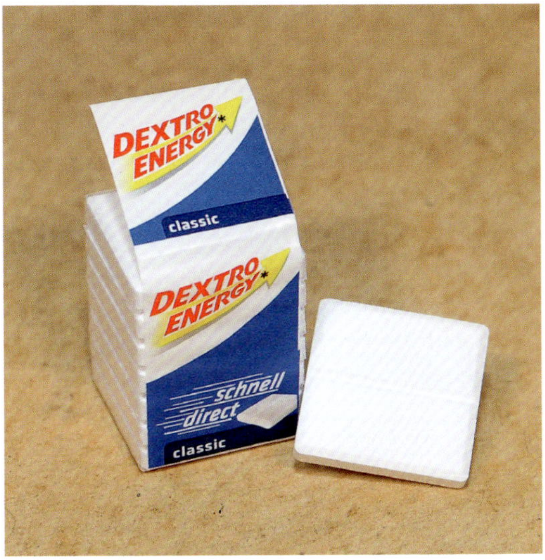

Hochleistungssportler nehmen bei Erschöpfung Traubenzucker ein.

Absperrband kann als Notbehelf für eine Warnhalsung dienen.

297 Warnhalsung vergrößern

Für Stöberhunde können Bewegungsjagden gefährlich sein, weil Warnhalsungen schmal sind und kleine Hunde oft wenig Rot mit sich herumtragen. Zusätzliche, nach hinten stehende „Flügel“, die man in die Halsungen einschlaufen kann, sorgen für mehr „Sichtbarkeit“. Wer es „individuell“ möchte, macht die Halsung breiter, indem er aus einer Treiber- oder Warnweste Stücke herausschneidet und daran näht. Näht man die Ränder zusätzlich um, werden sie so fest, dass die Warnhalsung immer eine große Fläche zeigt.

298 Notbehelf als Warnhalsung

Absperrbänder, wie sie im Straßenverkehr an Baustellen verwendet werden, eignen sich nicht nur zum Verbrechen des Anschusses und als weit sichtbares Hutband, sondern auch als Notbehelf für eine Warnhalsung. Mit einem losen Knoten, der sich leicht auseinanderzieht, um den Hals des vierläufigen Jagdgehilfen gebunden, macht das Band den Hund auf weite Entfernung und eindeutig erkennbar – eifrige Schützen sind gewarnt.

299 Wurfkette – der „verlängerte Arm“

Bei der Abrichtung eines Jagdhundes bewährt sich eine „Wurfkette“. Vier oder fünf Glieder einer normalen Eisenkette haben ein beträchtliches Gewicht, und man kann mit ihnen nach kurzer Übung erstaunlich weit werfen. Wenn der Hund glaubt, nach einigen Metern Entfernung außerhalb des Einwirkungsbereiches seines Herren zu sein, wirft man nach kurzem Befehl, Ruf, Pfiff o. Ä. mit der Kette nach seinem Zögling. Schon der Aufprall auf den Boden erschreckt den jungen Hund dermaßen, dass er sofort Verbindung zum Herrn aufnimmt.

300 Zurück an Absender

Damit der stöbernde Vierläufer nicht verloren geht, ist es selbstverständlich, auf seiner Warnhalsung/-weste Name, Adresse und Telefonnummer des Führers zu vermerken. An „Löchern“ im Mobilfunknetz oder zu großen Distanzen können auch Ortungsgeräte scheitern. Dieser Vermerk ist allerdings nach mehreren Jagden oft nicht mehr zu entziffern. Verschweißt man ein Zettelchen mit den Angaben mithilfe eines Laminiergeräts und näht es auf Halsband oder Weste, ist es vor Dornen etc. geschützt, wasserfest und bleibt gut lesbar.

„Wurfkette“ zur Abrichtung eines Jagdhundes.

So viele Hunde wie nötig, und so wenige Hunde wie möglich.

Halsung mit Namen und Telefonnummer.

301 Kontrolle und Nachsuchen

Besonders wichtig bei der Drückjagd ist die Koordinierung der Nachsuchen. In der Hauptjagdsaison bittet man den Leiter einer Schweißhundestation frühzeitig darum, dass schon am Jagdtag mit Nachsuchen und Kontrollen begonnen werden kann. Bei großen Jagden entscheidet der Schweißhundführer mit der Jagdleitung, ob von vorneherein weitere Gespanne um Unterstützung gebeten werden.

302 Wie viele Hunde?

Der Einsatz von Hunden bei der Drückjagd orientiert sich an der Beschaffenheit des Revieres, dem Bewuchs und der sich daraus ergebenden Möglichkeit des Schwarzwildes, sich einzuschieben. Große Dickungs- und Jungwuchsflächen machen den Einsatz von Jagdhunden zwingend erforderlich. Ihr Einsatz sollte sich nach dem Grundsatz richten: So viele Hunde wie nötig, und so wenige Hunde wie möglich.

VERWERTUNG UND TROPHÄEN

TIPPS FÜR – JAGDERFOLG UND TROPHÄEN

Damit der Jagderfolg kein Zufall bleibt, das anschließende Versorgen sowie Verwerten des Wildes gelingt, die Trophäen fachgerecht behandelt werden und als krönende Erinnerung das Jagdzimmer schmücken sowie manche andere Anregung finden Sie in diesem Kapitel.

303 „Drehbarer“ Stuhl

Wird man bei Drückjagden auf einem Ansitzbock postiert, muss man das Wild stehend erwarten, um schnell und nach allen Seiten reagieren und schießen zu können. Auf der vorgesehenen festen Sitzbank oder dem Brett ist man in seiner Bewegungsfreiheit eingeschränkt und hat in der Regel Schwierigkeiten, sich rechtzeitig nach hinten zu orientieren. Setzt man sich jedoch mit einem einbeinigen Jagdstock auf die Kanzel, ist der Körper in seinen Bewegungen freier, man kann sich leichter rundum ausrichten, schneller in Anschlag gehen und schießen.

304 Alarm für Marder und Fuchs

Hat man einen Marder im Heustadel oder einen Fuchs in einem kleinen Bau bestätigt, aber keinen Hund oder einen Helfer dabei, versuche man es mit einem besonders lauten Wecker. In Papier bzw. Taschentuch gewickelt oder in eine Tüte gesteckt (wegen des Sandes), schiebt man ihn so tief wie möglich in die Hauptröhre, zieht ihn vorher allerdings auf, und stellt die Weckautomatik ein bis zwei Stunden vor. Sodann entfernt man sich laut und kehrt, kurz bevor das Wecksignal ausgelöst wird, leise zum Bau zurück. Reineke ist durch das gleichmäßige Ticken der Uhr längst in höchster Alarmbereitschaft, und in der Regel gehen seine Nerven mit ihm durch, wenn urplötzlich der laute Weckton losrattert. Jedenfalls springt er in den meisten Fällen.

305 Allerweltsmittel Maggi

Der Geruch von Maggi übt auf Wild eine erstaunliche Lockwirkung aus. Manche Jäger reiben sich mit der braunen Flüssigkeit ein, um den Eigengeruch zu überlagern. Es hilft! Einfacher sind Brühwürfel. Vor dem Ansitz auf der Kanzel zerbröselt, wurde damit schon mancher alte Keiler überlistet. Es können ruhig einige Klümpchen nach draußen fallen oder in den Händen zerrieben werden.

306 Auf Gänse

Beim Gänseeinfall lässt man tunlichst die Kundschafter unbeschossen wieder abdrehen. Kommen dann die großen Flüge, sollte der erste Schuss erst fallen, wenn mindestens eine Gans die Latschen im Wasser beziehungsweise auf dem Boden hat. Dann besteht Gelegenheit zu einem zweiten Schuss bzw. können die Mitjäger ebenfalls eine Gans erlegen. Beschießt man anstreichende Vögel zu früh, startet der Flug durch oder dreht ab.

Anissamen, unter Mais gemengt, lockt Schwarzwild an.

307 Anis: Sauen- und Taubenmagnet

Anispulver oder -samen, zwischen Weizen- beziehungsweise Maiskörner gemengt, wirken auf Schwarzwild und Tauben wie ein Magnet. Anisöl übt denselben unwiderstehlichen Reiz aus.

Ein lauter Wecker bringt Marder und Fuchs in Alarmbereitschaft.

308 Allroundkraut Zitronenmelisse

Gärtner betrachten Zitronenmelisse als Unkraut, Jägern ist sie als natürliches Insektenabwehrmittel für Hund und Herr willkommen. Zerreibt man eine Handvoll des Krautes und verteilt es über Gesicht, Arme und Hände, hat man für mehrere Stunden vor den Plagegeistern Ruhe.

ZUSATZTIPP Ein weiterer Vorteil des Allroundkrautes: Zitronenmelisse überlagert die menschliche Wittrung, wenn etwa der Wind küselt, man den Ansitzplatz aber nicht wechseln möchte.

309 Bei Anruf Stillstand

Mit Ausnahme von Sauen lässt sich Wild im Troll oder in zügiger Bewegung durch einen Pfiff zum kurzen Verhoffen bringen. Da man meistens nicht viel Zeit zum Schießen hat, sollte man das Stück schon im Zielfernrohr verfolgen, bevor man pfeift. Auch Rufen, Schnalzen oder Treten mit dem Stiefel gegen den Hochsitz lässt Wild kurz stehen bleiben, sodass sich eine Gelegenheit zum Schuss bietet.

310 Buchenholzteer gegen Wespen und Hornissen

Damit sich Wespen oder Hornissen nicht häuslich in der Kanzel einrichten, stellt man eine Blechdose oder ein Glas ins Innere und füllt Buchenholzteer hinein. Die unerwünschten Untermieter werden den Sitz meiden, den Jäger stört der Geruch kaum. Hängt oder legt man das Gefäß während des Ansitzes unter die Kanzel, überlagert der intensive Teergeruch zudem die menschliche Wittrung ein Stück weit, und man kann dem Wind ein Schnippchen schlagen.

311 Das Herz liegt tief

Anatomische Kenntnisse beziehen sich bei manchen Jägern lediglich auf Trophäen – die Organe registrieren sie erst, wenn das Stück Wild zum Aufbrechen auf dem Rücken liegt. Dann stellen sie fest, dass sich das Herz nicht in der Mitte des Brustkorbes befindet, sondern scheinbar am Rückgrat anliegt. Tatsächlich ist das Herz eines jeden Säugetiers jedoch im Herzbeutel direkt am Brustbein fixiert. Steht Wild, liegt das Herz am tiefsten Punkt des Brustkorbs.

312 Davor und nicht dahinter

Wartet der Jäger am Boden setzt er sich tunlichst nicht hinter, sondern vor den Baum/die Deckung. Bewegungen dahinter oder daneben sind gegen den Horizont/Hintergrund auffälliger und verräterischer.

Vor dem Baum erwartet der Jäger sinnvollerweise das Wild, nicht dahinter.

ZUSATZTIPP Sauen besitzen einen ausgeprägten und hohen Nacken mit langen Federn (Borsten) darüber. Die Federn täuschen über die tatsächliche Größe des Stücks hinweg.

313 Den Bock anbinden

Möchte man einen Rehbock für einen Gast „anbinden", sollte man sich nicht nur Hochsitz, regelmäßige Störungen sowie Zeit und Ort seines Austretens notieren, sondern auch Wetter und den Wind. Rehe verhalten sich bei unterschiedlicher Witterung anders. Wo sie bei Sonnenschein gerne umherbummeln, erscheinen sie bei Nieselregen unter Umständen nicht.

314 Den Bock verwirrt der Sonne Glut

Diese Jägerweisheit bezieht sich nicht auf das helle Licht, sondern auf die heiße Witterung, in der der Rehbock während der Brunft angeblich besonders gut auf das Blatt springt. Auch zur Blattzeit zieht er dämmeriges Licht der Helligkeit vor! Versuchen Sie stets, den Bock aus dem „Hellen", also von der Freifläche, der Wiese oder dem Feld ins „Dunkle" des Waldes zu locken und nicht umgekehrt. Nie darf sich der Jäger beim Blatten im Sonnenlicht befinden.

Ins Offene zu locken, dürfte schwerfallen:
Besser geht's „vom Hellen ins Dunkle".

Gute Gedanken sollten Sie notieren.

315 Der perfekte Schusszähler

Auf Jagden in Osteuropa werden Standkarten an die Schützen ausgegeben, auf denen Wildvorkommen, Anschüsse, besondere Beobachtungen, Verbesserungsvorschläge zur Standortwahl oder Beschaffenheit des Standes etc. von den Jägern notiert werden. Am Rand der dunkelgrünen Pappen befindet sich eine Skala, ähnlich einem Lineal, mit den Ziffern 9.30, 10.00, 10.30 bis 13.00, und die Schützen sind gehalten, jeden vernommenen Schuss mit einem Strich auf dieser Skala zu vermerken. Am Ende der großen Treiben ist es nicht nur aufschlussreich, annähernd genau zu wissen, wie viele Schüsse insgesamt fielen, sondern auch, wie sie sich über die Zeit von 9.30 bis 13.00 verteilten und wann bzw. wo sich das Wild aufhielt.

316 Die Gedanken sind frei!

Gehen Ihnen auf der Jagd auch allerlei Gedanken durch den Kopf? Möchten Sie Stimmungen beschreiben, das nicht alltägliche Gehörn eines Rehbocks skizzieren oder pfiffige Ideen schriftlich festhalten? Nehmen Sie einen Notizblock und einen Stift mit auf den Ansitz, dann können Sie das tun. Gute Einfälle werden nicht vergessen und Sie können sich wieder auf die Jagd konzentrieren. Ein Großteil dieses Buches ist so entstanden!

317 Der Wind und das Wild

Schalenwild ruht fast immer mit dem Haupt in die dem Wind abgewandte Richtung. So kann es wittern, wenn Gefahr von hinten, und eräugen, wenn sie von vorne kommt. Flugwild steigt immer gegen den Wind auf und fällt auch gegen den Wind ein.

318 Der Windprüfer aus der Flasche

Die verschiedensten Möglichkeiten haben sich bewährt, auf der Jagd zu prüfen, woher der Wind – wichtigster Verbündeter, aber auch größter Feind des Jägers – weht. Eine Plastikflasche, gefüllt mit Mehl, hat den Vorteil, dass auch bei schlechtem Licht die Windrichtung noch geprüft werden kann. Das Mehl wird in die Luft gesprüht, und anhand der weißen Mehlstaubwolke sieht man auch in der Dämmerung oder bei feuchter Witterung genau, woher der Wind weht. Viele Jäger bedienen sich auch sogenannter „Pustefixflaschen“ mit Wasser-Spülmittel-Lauge, mit denen Kinder Seifenblasen steigen lassen.

319 Der praktische Wisch

Der Ausdruck „Wisch“ stammt von unseren Vorfahren, und die mitunter sehr effektive Jagd mit ihm ist leider fast in Vergessenheit geraten. Man nehme einen dicht belaubten oder benadelten Zweig, halte ihn vor den Körper und krieche behutsam auf das Wild (äsendes Reh auf der Wiese, gründelnde Enten auf dem Teich, brechende Sauen im Feld) zu. Zum großen Erstaunen vieler Jäger wird das Wild, sofern man sich sehr langsam bewegt, kaum Notiz von dem sich nähernden „Busch“ nehmen.

320 Die gute Seite beachten

Auf dem Ansitz – das gilt auch auf der Drückjagd – sollte man nicht frontal zu der Richtung sitzen, aus der Wild erwartet wird, sondern leicht schräg. Der Mensch hat eine gute und eine schlechte Seite zum Schwingen mit der Waffe. Schlägt man rechts an, kann man bequem nach links bis auf neun Uhr schießen, allerdings nur bis auf ein Uhr nach rechts.

Daher weht der Wind ...

Der Jäger sollte schräg zum zu erwartenden Wild ansitzen.

321 Ein wirklicher Jagdhelfer

Mitunter erscheint das Wild dort, wo es nicht austreten soll, zum Beispiel an einem viel begangenen Spazierweg, einer gefahrenträchtigen Straße oder in der Nähe eines Platzes, auf dem Menschen ihren Freizeitvergnügungen nachgehen. Will man das verhindern, legt man seinen Hund auf diesem Wechsel ab. Das Wild wird eine Umleitung wählen. Man lanciert es quasi mithilfe von „Raubtierwitterung“.

Die Hunde-Wittrung verhindert das unerwünschte Austreten des Wildes.

322 Elektrodraht „unschädlich“ gemacht

Berührt man einen stromführenden Elektrozaun, kann das sehr unangenehm sein. Legt man das aufgeschnittene Stück eines ausgedienten Fahrradschlauchs über den Draht, kann er angefasst und problemlos überstiegen werden. Das isolierende Gummi kann für weitere Überquerungen am Zaun belassen werden. Statt eines Fahrradschlauches erfüllen ein Jutesack oder ein zusammengerolltes Stück Teppichboden den gleichen Zweck.

323 Erfolgreich blatten – Tipps und Tricks

Geblattet wird immer gegen den Wind, nie mit Nackenwind. Steht der Bock auf „normale“ Fieptöne nicht zu, versucht man mit dem zarten Kitzfiep, die bei ihm stehende Ricke heranzulocken. Sie zieht den Bock häufig mit. Wenn also ein weibliches Stück aufs Blatt oder den Kitzfiep zusteht, muss man bewegungslos verharren, eventuell vorsichtig weiterblatten: Oft erscheint auch der Bock. Der suchende Bock springt zu jeder Tageszeit und bei jeder Witterung aufs Blatt, wenn der Jäger die genannten Regeln beachtet.

324 Nicht „ins Blaue“ schätzen

Der Revierinhaber kennt die jagdlichen und landschaftlichen Gegebenheiten in seiner Jagd, wie verhält es sich aber mit seinen Gästen? Mitunter empfiehlt es sich, in bestimmten Abständen (50 Meter, 100 Meter, 150 Meter) von Kanzeln oder Leitern unauffällige Markierungen anzubringen. Das ist eine große Hilfe für Waldjäger, die selten im Feldrevier jagen.

325 Enten anpirschen

Häufig bejagte Breitschnäbel lassen niemanden auf Schrotschussentfernung an sich heran. Daher leuchtet man von einer Brücke aus mit dem Fernglas den Fluss oder Bach ab und merkt sich die Stelle, an der die Enten liegen. Nun schleicht man mit jedem Schritt an den Graben „kleiner werdend“ im weit ausholenden Bogen dorthin: Keinesfalls darf man das Wasser sehen, weil die Enten dann den Jäger ebenfalls eräugen und abstreichen. Erst wenn man auf allen Vieren kriecht, ist man bis auf Schrotschussentfernung an das Wasser gelangt und kann sich schussbereit aufrichten.

„Immer kleiner“ anpirschen und erst nah der Enten aufrichten.

326 Erfolgreich Enten jagen

Wildenten werden recht vorsichtig, wenn ihnen oft nachgestellt wird. Das Misstrauen beim Einfallen wird ihnen genommen, wenn man in die Nähe seines Standes (zwischen die Lockenten) eine Reiherattrappe platziert. Diese veranlasst die Breitschnäbel, ohne Arg einzufallen.
In Gartengeschäften erhält man Attrappen von Störchen, Gänsen etc. als Gartendekoration.

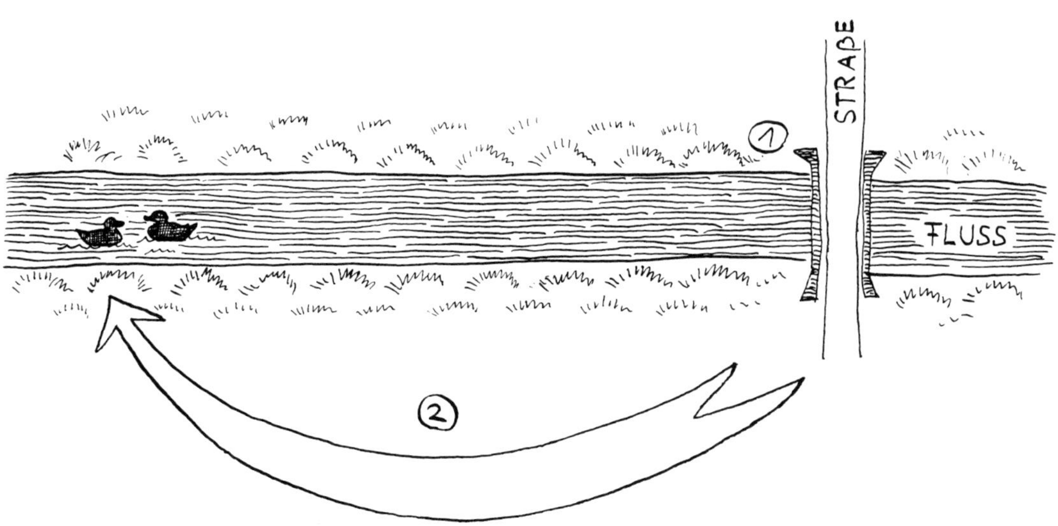

An der Brücke wird spekuliert (1), um die Enten dann in weitem Bogen anzugehen (2).

Der Fernglasriemen wird als Zielhilfe genutzt.

327 Fernglasriemen als Zielhilfe

Ein Trick verhilft auch ohne Anstreichmöglichkeiten zu einem sauberen Kugelschuss. Man führt den linken Ellenbogen (Rechtsschützen) von vorne durch den Trageriemen des Fernglases, stützt ihn auf den Okularen ab und geht in Anschlag. Während des Zielens wird das Gewicht des Gewehres auf das Fernglas gedrückt, so von den Muskeln im Genick gehalten, und der Anschlag ist stabil. Wichtig ist, vorher zu üben und den Fernglasriemen auf die richtige Länge zu bringen.

328 Erst am Ende ist Schluss

Mitunter löst sich eine Treiberwehr in Maisstoppeln, Rapsschlägen, abgehäckseltem Senf oder anderen Feldschlägen schon zehn oder mehr Meter vor dem Rand des Feldes auf, und die Schützen entladen ihre Flinten. Hasen, Kaninchen und vor allem Fasanenhähne nutzen diese Chance, laufen fast unsichtbar bis zur allerletzten Deckung, drücken sich dann oder stehen erst am äußersten Rand des Treibens – teilweise hinter den Treibern – auf. Merke: Das Treiben ist erst zu Ende, wenn alle Treiber in der Schützenreihe stehen und abgeblasen wurde.

329 Fährten und Spuren länger sichtbar

Nach abgelaufenem Hochwasser sollte man im zurückgelassenen Schlamm unter Brücken nach Fährten, Spuren und Geläufen suchen, um sich Gewissheit über Wildbewegungen zu verschaffen. Wild wechselt gerne entlang von Wasserläufen auch unter Brücken hindurch. Im Uferschlamm stehen Spuren länger als ungeschützt unter freiem Himmel.

330 Freie Sicht für freie Bürger!

Hochsitze sollte man stets großzügig freischneiden, weil die belaubten Äste durch Tau und Regen schwerer werden und sich wieder in die Sicht hängen. Das gilt auch beim Freischneiden im Frühjahr, wenn die Bäume noch unbelaubt sind. Durch die Blätter werden sie schwerer und hängen herab. Die Bäume überraschen noch von einer anderen Seite: Die unteren Äste treiben aus der Schnittstelle Schösslinge und verdecken die Sicht intensiver als vor dem Schneiden.

331 Fuchs-Urin am Luderplatz

Viele Jäger schwören darauf, Urin eines erlegten Fuchses am Luderplatz zu verspritzen, um die Annahme der Köderstelle durch Reineke zu beschleunigen. Dabei darf man nicht den Urin auf das vergrabene Luder verteilen. Wenn der Fuchs Luder vergraben hat, markiert er das Futterdepot nur dann direkt mit Urin, wenn es leer ist, quasi als Information, dass er dort nicht mehr zu graben braucht, obwohl es nach Luder riecht. Besser ist es, einen Ast in einem oder zwei Meter Entfernung einzuschlagen und den Urin daran zu spritzen. Der Fuchs markiert so sein Revier.

Freie Sicht auf dem Hochsitz.

Ein zwischen die gespaltene Rute geklemmter Span hält den Spalt.

Das Plätschern des Wassers verschluckt menschliche Geräusche.

332 Fuchsangel

Bei der Baujagd rettet sich manchmal ein beschossener Fuchs oder beschossenes Kaninchen noch in eine Röhre. Bevor man sich an die schwierige Arbeit des Grabens macht, versuche man es mit einer „Fuchsangel“. Von Buche, Birke, Hasel oder Wacholder wird eine ein bis drei Meter lange Rute geschnitten, von der sämtliche Seitentriebe entfernt werden. Das dünne Ende wird etwa fünf Zentimeter weit aufgespalten. Beide Hälften sollen ein wenig klaffen. Ein dünner dazwischen geklemmter Span sorgt dafür. Mit der Gerte tastet man in die Röhre. Stößt man auf etwas Weiches, hat man gewonnen. Man bespuckt das gekerbte Ende und sucht den Wildkörper nun ein zweites Mal mit der Rute. Dann dreht man so lange vorsichtig, bis sich genügend Haare um die Angel gewickelt haben. Schließlich zieht man Reineke oder den Lapuz behutsam aus seinem Bau.

333 Geräuschkulisse beim Fuchsreizen

Beim Fuchsreizen ist es angebracht, sich an ein plätscherndes Gewässer oder in die Nähe sanft rauschenden Schilfes zu setzen. Der Fuchs schnürt hier mit Vorliebe entlang. Vor allem werden die eigenen Geräusche verschluckt, sodass es leichter ist, Meister Reineke zu überlisten.

334 Geruchfreier Aschenbecher

Zigarettenrauch steigt wegen der höheren Temperatur normalerweise nach oben und stört bei Ansitz oder Pirsch kaum. Eine Kippe aber stinkt und kann Wild nachhaltig vergrämen, wirft man sie aus dem Hochsitz oder drückt sie auf der Brüstung aus. Auf Kanzeln sollte daher für Raucher stets ein Glas mit einem abschraubbaren Deckel stehen. Halbgefüllt mit Wasser, werden die glühenden Kippen geruchsfrei gelöscht und können problemlos umweltschonend „entsorgt“ werden.

335 Gesäß voraus im Kriechgang

Normalerweise kriecht man Wild auf dem Bauch und auf allen Vieren an. Um die Rückseite der Finger der geschlossenen Hand, in der das Gewehr gehalten wird, zu schonen und nicht durch spitze Steinc oder Splitter zu verletzen, wickele man sich die Mütze, den Schal oder notfalls auch ein Taschentuch um Finger und Handfläche. Einfacher und weniger ermüdend ist die Pirsch auf dem Gesäß. Man setzt sich auf die Erde und stützt sich zum Vorwärts-(oder Rückwärts-)bewegen auf Händen und Hacken ab, während man das Gesäß hebt und nach vorne setzt. Anschließend wieder Hände und Füße usw. Das Gewehr liegt fest in der Oberschenkelbeuge, und das Fernglas hängt bei dieser Art der Fortbewegung ruhig vor der Brust.

Das Gewehr liegt fest in der Oberschenkelbeuge und das Fernglas hängt ruhig vor der Brust.

Elastische Kohäsivbinde zum Unsichtbar-Machen der Waffe.

336 Gewehr und Stock werden unsichtbar

Um sich in eisiger Winternacht „unsichtbar" zu machen, genügt ein Schneehemd. Aber was ist mit Fernglas, Gewehr und Sitzstock? Eine elastische Kohäsivbinde (die es in jeder Apotheke gibt) schafft Abhilfe. Zum Unsichtbar-Machen werden die „Jagdhelfer" damit „verbunden". Die Binden könne fast beliebig oft verwendet werden, sind rutschsicher, hinterlassen keine Rückstände und passen sich jeder Form an.

337 Immer auf dem Trockenen

Ein Stück Teppichboden, zusammengerollt an einem Band unter den Fußboden eines offenen Hochsitzes gehängt oder luftig und trocken am Sitz verstaut, ist hilfreich, wenn das Sitzbrett nass ist. Man hat stets eine trockene Unterlage griffbereit.

338 Hüpfen vor der Pirsch

Um lautlos zu pirschen, darf die Ausrüstung (oder die Dose mit Pfefferminzpastillen in der Hosentasche) nicht klappern. Hüpft man vor dem Pirschgang einige Male auf der Stelle, hört man störende Geräusche, kann die Taschen leeren beziehungsweise sich entsprechend präparieren.

339 Hasenklage klappert nicht

Die Hasenklage klappert nicht, wenn man sie in weiches Leder einnäht. Man kann außerdem ein Lederband daran befestigen und sie sich so in Reichweite entweder an den Fernglasriemen oder an einen Mantelknopf hängen. Hat man mit der Hasenklage keinen Erfolg, sollte man versuchen, den Fuchs mit einer Kaninchenklage zu überlisten – in welchem Revier kennen die Füchse denn noch Hasen?

340 Gucken kostet nix

Marder übertagen gern in Steinkauzröhren. Leuchtet man bei der täglichen Fallenkontrolle oder beim Reviergang mit der Taschenlampe in die künstlichen Bruthöhlen, erfährt man, ob ein Marder „zu Hause" ist.

Eine künstliche Bruthöhle wird gern von Mardern angenommen.

341 Kein Schuss auf verdecktes Wild!

Wild muss vor dem Schuss das Haupt erhoben haben und frei sowie breit stehen, andernfalls hat der Schuss zu unterbleiben. Jedes Geschoss kann von Ästen, Schilf oder Getreidehalmen abgelenkt werden, Flintenlaufgeschosse stärker als Büchsengeschosse, bleifreie mehr als bleihaltige. Der Schuss auf nicht frei verhoffendes Wild ist in höchstem Maße fahrlässig.
Das Geschoss wird entweder zerlegt, bleit das Wild an oder fliegt in eine Richtung, in der es Schaden anrichtet.

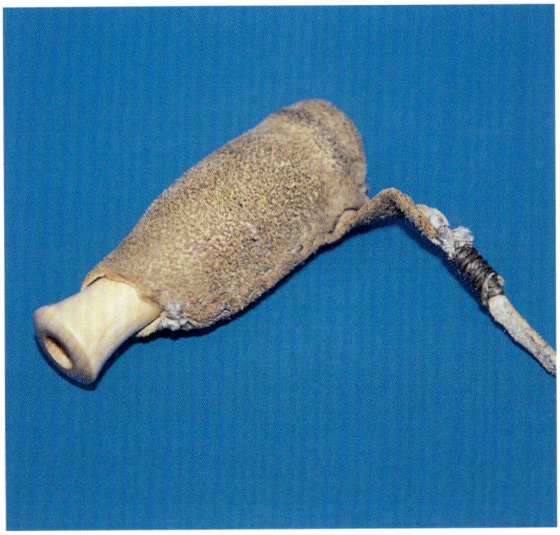

Die Hasenklage klappert nicht, wenn man sie in weiches Leder einnäht.

342 Knoblauch – Wespen- und Hornissenschreck

Beim Aufstieg hört man sie schon brummen: Auf dem Hochsitz haben sich Wespen oder Hornissen häuslich eingenistet. Zwar sind die Untermieter nicht gefährlich und geschützt, aber störend. Frische Knoblauchzehen in einem Tuch zerdrückt und neben das Nest gehängt oder in unmittelbarer Nähe platziert, lassen die schwirrenden Mitbewohner bald einen Wohnungswechsel vornehmen.

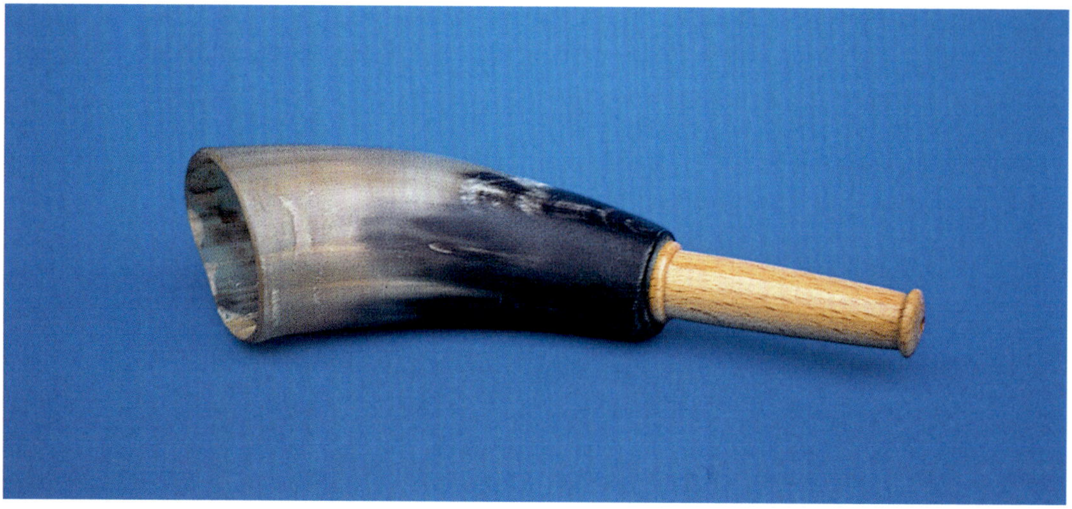

Ein Kuhhorn verleiht der Hasenklage größere Reichweite.

343 Lieber klein und fein

Mehrere kleine Treiben an einem Jagdtag sind vorteilhafter als wenige große. Die Treiber gehen dichter beisammen und überlaufen das Wild nicht. Eine Jagd wird nach der Strecke beurteilt und nicht nach der Hektarzahl, die getrieben, oder nach dem Wild, das überlaufen wurde.

344 Besser zwei gute Jagden als eine erfolglose

In manchen ehemals reinen Niederwildrevieren kommen inzwischen auch Sauen vor und werden auf Gesellschaftsjagden ebenfalls frei gegeben. Solche Jagden werden dann ein Gemisch aus Drück- und Treibjagd, Vorstehtreiben sowie Böhmischer Streife und enden damit, dass Schützen Schrot geladen haben, wenn Sauen vorkommen, oder Hasen, Kaninchen, Schnepfen und Fasanen entkommen, weil – in der Hoffnung auf Schwarzwild – Flintenlaufgeschosse in den Läufen stecken. Oft ist es besser, eine Kugel- und eine Schrotjagd zu organisieren. Bei der einen werden die Schützen so angestellt, dass Niederwild sauber bejagt werden kann, die andere gilt den Sauen von Drückjagdböcken aus – mit Büchsen und nicht mit Behelfswaffen „für alles, was kommt".

345 Man sieht nur die im Licht ...

... die im Schatten sieht man nicht. Da man beim Taubenansitz nicht weiß, von wo die Vögel anstreichen, kann man sich nicht „hinter" einen Baum stellen und sollte sich daher immer in den Schatten eines dicken Stammes hocken. So wird man – wenn man sich nicht bewegt – schwer eräugt. Das gilt auch für die Jagd generell: Wartet man in der Deckung, z. B. dicke Bäume, auf Wild, sollte man im Schatten sitzen. Dann nimmt das Wild die Gefahr nicht so schnell wahr wie im Licht.

346 Locken auf größere Entfernung

Die Reichweite der relativ leisen Lock-Instrumente kann man beträchtlich erhöhen, wenn man sie in ein Kuhhorn oder einen Plastiktrichter klebt.

347 Maisbier für Sauen

Alternativ zu mit Maggi versetztem Mais bietet sich als Kirrmittel für Sauen folgendes Rezept an:
- 4 Eimer Körnermais
- 1 kg Zucker
- 1 Päckchen Bierhefe (zum Vergären, nicht als Nahrungsergänzung)
- 2 Eimer Wasser

Alles lässt man in einem Plastikfass eine Woche lang in einem warmen Raum gären. Das Fass darf maximal zu zwei Dritteln gefüllt sein, sonst kann es überschäumen..

348 Lockvögel – die Masse macht's

Bei der Jagd mit künstlichen Lockvögeln (decoys) zählt die Anzahl der Attrappen. Je mehr Lockvögel aufgebaut werden, desto unbesorgter fallen die zu bejagenden Vögel ein.

Zu wenig Deckung.

Besser im Schatten.

349 Locktauben in die Bäume setzen

Passt man unter einem Schlafbaum auf Tauben, steigen die Erfolgschancen deutlich, wenn man einige Locktauben in den Baum platziert. Hierfür bedient man sich einer Angel und knotet an das Ende ihrer Schnur ein Gewicht. Eine Eisenmutter leistet gute Dienste. Dann entfernt man sich einige Schritte vom Baum und wirft die Schnur über einen Ast. Sie wird nun so lange eingeholt, bis man die Mutter an die Locktauben, die extra eine Öse auf dem Rücken haben, anbinden kann. Kurbelt man anschließend die Angelschnur weiter ein, schweben die „Decoys" nach oben in den Baum.

350 Mauspfeifchen – nicht nur für Reineke

Mit dem Mauspfeifchen kann man einen vorsichtigen Fuchs zum Verhoffen bringen, aber auch Eulen bis in das Kanzelfenster locken. Sehr eindrucksvoll, wenn begleitende Nichtjäger auf dem Ansitz den Luftzug der Schwingen im Gesicht spüren ... Es ist ratsam, das Pfeifchen mit einem Bindfaden am Fernglasriemen zu befestigen. Der Faden muss so lang sein, dass man das Pfeifchen problemlos bis zum Mund führen kann. Hat man Anblick, nimmt man die Pfeife in den Mund, die Waffe in Anschlag und muss sich nicht mehr bewegen, wenn der Fuchs zur vermeintlichen Maus äugt.

Eine Locktaube für die Taubenjagd.

351 Mauspfeifchen aus Flasche und Korken

Um das Quietschen der Mäuse nachzumachen, wird eine kleine Glasflasche mit etwas angefeuchteter Watte gefüllt und einem Korken verschlossen. Der innere Teil des Korkens soll mit der feuchten Watte Kontakt haben. Zum Mäuseln zieht man den Korken heraus und streicht mit der feuchten Seite an der Seite der Flasche auf und ab: Das schönste Mäusekonzert ertönt.

352 Menschliche Witterung ade

In von Menschen wenig frequentierten Revieren ist die Witterung, die der Jäger auf seinen Pirschgängen hinterlässt, dem Wild besonders suspekt. Es zieht ungern oder nur zögerlich über eine frische Menschenspur. Bewährt hat es sich, vor der Pirsch oder dem Marsch zum Ansitz Farnkraut oder frisch gebrochene Nadelholzweige auf einen Stapel zu legen und darauf gleichsam wie auf einer Fußmatte die Schuhsohlen ausgiebig abzureiben. Die frischen Pflanzensäfte bleiben an den Sohlen haften und überlagern menschliche Gerüche.

Das Mauspfeifchen am Fernglasriemen.

Mauspfeifchen aus Flasche und Korken.

353 Mit Bärenklau auf den Brunfthirsch

Der ursprünglich aus dem Kaukasus stammende Große Bärenklau (Heracleum) wächst auch in unseren Breiten. Aus starken Exemplaren lässt sich ein hervorragender Resonanzkörper für den Hirschruf fertigen. Man schneidet den Stamm im August möglichst tief ab, stückelt ihn in etwa 30 Zentimeter lange Teile und trocknet ihn (im Heizungskeller). So ist er im Herbst bereits einsatzbereit. Zwei an einem Ende gebohrte Löcher erlauben das bequeme Tragen an einer Schnur.

ZUSATZTIPP Vorsicht ist beim Absägen geboten. Die feinen Haare der Pflanze enthalten einen stark reizenden Saft. Deswegen sollte man beim Kontakt mit der frischen Pflanze Handschuhe tragen.

354 Nachtsicht erhalten mit Rotlicht

Rotlicht kann von Schalenwild nicht eräugt werden und beeinträchtigt nicht die Nachtsehfähigkeit des Menschen. Nutzt man im Dunkeln Weißlicht, verringert sich die Nachtsehfähigkeit bzw. die Dunkeladaptation des Auges geht verloren. Um die Nachtsehfähigkeit zu erhalten, sollte man die Taschenlampe mit einem roten Filter versehen oder mit den Fingern abdecken. Braucht man dringend Weißlicht, sollte man nur das schwächere Auge öffnen und das stärkere geschlossen halten. Öffnet man nach Abschalten der Taschenlampe wieder beide Augen, sieht man fast normal.

355 Entfernungsbestimmung leicht gemacht

Um Entfernungen ermitteln zu können, sollte man für jede Ansitzeinrichtung eine Skizze des Geländeumfeldes anfertigen, in die die aus der Karte gelesenen oder mit dem Laser gemessenen Distanzen eingetragen werden. Diese Skizze wird laminiert und im Hochsitz festgenagelt.

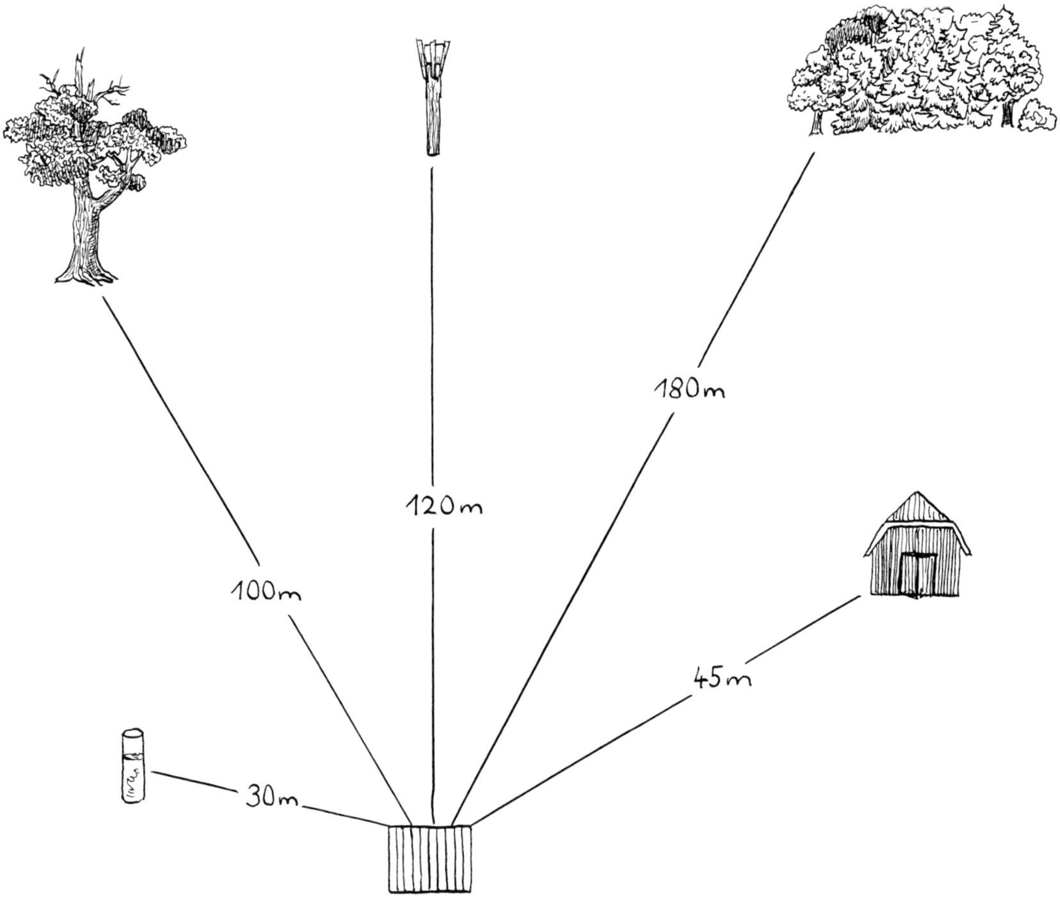

Mit einer solchen Skizze auf dem Hochsitz weiß jeder sofort Bescheid.

356 Praktischer Handfeger

Auf offenen Hochsitzen oder Drückjagdböcken sammeln sich trockenes Laub, Tannenzapfen und dünne Zweige, die beim Ansitz stören. Ein Handfeger ist praktisch, um vor dem Ansitz den Boden und die Ecken auszukehren und die knisternde Unterlage zu entfernen. Ein benadelter Fichtenwedel erfüllt die gleichen Dienste.

357 Rehböcke treiben nicht

Es ist nicht der Bock, der aktiv treibt. Vielmehr zieht die Ricke den Bock gleichsam „hinter sich her". Die Brunftaktivitäten gehen vom weiblichen Stück aus. Der Ausdruck „der Bock treibt" ist also nicht korrekt.

Während der Brunft „treibt" der Bock nicht aktiv, sondern wird vielmehr „mitgezogen".

358 Schießen vom Sitz – einmal anders!

Der Jagdstuhl kann auch als sichere Gewehrauflage dienen: Der Jäger setzt sich auf die Erde und legt die Waffe auf die Sitzfläche des Stuhls auf!

359 Schießwut korrigieren

Ein Schütze, der den Hasen auf kurze Entfernung so zerschießt, dass der „Krumme" kaum noch zu verwerten ist, wird diplomatisch folgendermaßen kuriert: Der Jagdherr schärft einen Löffel ab und übergibt ihn mit den Worten: „Damit Sie Ihren Hasen wiedererkennen, wenn Sie ihn mir nach dem Streckelegen abkaufen!"

360 Schneiden Sie „Kuchenstücke"

Pirscht man um eine Wegebiegung oder ein Waldstück, sollte man besonders behutsam vorgehen, wieder und wieder verhoffen, sodass man ein weiteres „Kuchenstück" einsehen kann. Etwas um die Ecke schleichen, stehen bleiben und das neu einzusehende Areal durch das Glas ableuchten, wenige Schritte weiterpirschen, das neue Stück abglasen und so weiter. Schleicht man allzu forsch um die Wegkurve oder ein Waldstück, hat man zu viel „neues" Gelände auf einmal abzusuchen – und sehr schnell wird gedeckt stehendes Wild übersehen.

So im Inneren des Jagdhutes befestigt, stört ein Signalband nicht.

361 Signalband stets parat

Im Inneren des Jagdhutes sollte für alle Fälle ein mit einer Sicherheitsnadel befestigtes, breites, rotes Warnband stecken. Man kann es so kaum vergessen, und im Notfall damit auch anderen Jägern aushelfen.

362 Spaziergänger sind Informationsquellen

Es ist nicht nur ein Gebot des Anstands und imagefördernd, Spaziergängern höflich zu begegnen, man sollte auch versuchen, mit ihnen ins Gespräch zu kommen. Vielleicht haben sie Wild beobachtet, ein verendetes Stück gefunden, Naturfrevler oder streunende Hunde bzw. Katzen gesehen oder können andere Informationen liefern.

363 Steckt der Fuchs?

Man erkennt, ob der Fuchs im Bau steckt, wenn man oberhalb der Baueinfahrt einen dreiviertel Meter langen Faden befestigt. Hat der Fuchs seine Behausung verlassen, liegt der Faden vor der Einfahrt, schlieft Reineke ein, wird die Schnur in die Röhre gezogen und verrät so, dass der Bewohner in seinem Bau steckt.

364 Tauben müssen nahe sein

Beschießt man eine Taube, muss man das „Weiße im Auge"‘ sehen, besagt eine alte Regel. Davon abgesehen, dass Taubenaugen gelb sind, muss man zumindest den Halsring erkennen. Steht der Schütze z. B. unter ca. 30 Meter hohen Bäumen, und schießt früh, sind die Vögel fast immer noch außerhalb des Schrotbereichs. Am sichersten ist der Schuss kurz bevor die Tauben sich niederlassen – quasi in der Luft stehen – und nicht vorgehalten werden muss. Sobald die Vögel im Baum sitzen, ist die Trefferfläche relativ klein.

365 Zuerst das beste Stück

Heben Sie sich das „Sahnestück" einer Gesellschaftsjagd nicht bis zum Schluss auf, sondern bejagen es als eines der Ersten. Manchmal verzögert sich das Ende der Jagd, und zumindest die Fasane sind dann schon aufgebaumt.

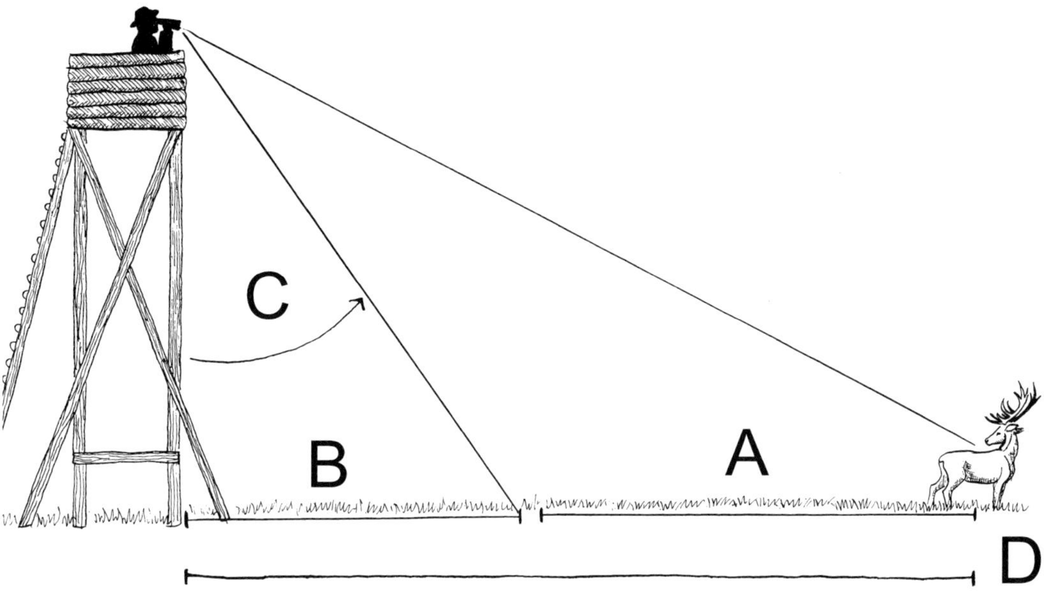

Der Jäger schätzt nur die Strecke in seinem Sichtfeld (A), die Strecke B im toten Winkel C wird vergessen. Dadurch wird die tatsächliche Strecke D meistens zu gering geschätzt und der Anschuss zu nahe am Hochsitz gesucht.

366 Blick von rechts nach links

Einzelheiten in der Landschaft nehmen die Augen besser wahr, wenn man den Blick von rechts nach links schweifen lässt. Unsere Augen „arbeiten“ infolge häufigen Lesens routinemäßig von links nach rechts. In umgekehrter Richtung blicken sie ausgeruhter, genauer und konzentrierter.

367 Den Bock nicht schlau machen

Nie sollte man einem abspringenden Bock „nachblatten“. Er hat in der Regel den Menschen bereits wahrgenommen und wäre „verblattet“, würde zukünftig also nicht mehr springen.

368 Toten Winkel bedenken

Hat man von einem hohen Sitz aus geschossen, kann es schwierig sein, den Anschuss zu finden. Meist sucht man zu kurz, vergisst den bei normaler Körperhaltung nicht einsehbaren „toten Winkel“ und schätzt erst ab dem Punkt an der Erde, den man gut sehen kann. Ein Beispiel: Der Jäger schätzt die Strecke, die er sehen kann, bis zum Stück, es sind etwa 100 Meter. Nicht für ihn einsehbar sind jedoch die ersten 20 Meter ab dem Hochsitz: So beträgt die tatsächliche Entfernung zum Stück also 120 Meter. Ist der Anschuss partout nicht zu finden setzt sich der Schütze wieder auf den Sitz, entlädt die Waffe und richtet sie auf den Punkt, an dem er das Stück beschossen hat. Ein Helfer wird mit Handzeichen zu dieser Stelle geleitet.

369 Unwiderstehliche Raubwildschleppe

Eine Mischung aus Anis, Eidottern und etwas Honig, in einer Flasche mit Wasser vermischt, wirkt Wunder. Dieser Lösung, als Duftspur zu der Falle oder zum Zwangspass über einige Hundert Meter hinweg auf den Erdboden gespritzt, kann kein Stück Raubwild widerstehen.

370 Verlockendes Fischöl

Fischöl ist ein beliebtes Lockmittel für Raubwild und einfach herzustellen: In ein Einmachglas werden Stücke von fettem Fisch geschichtet, etwa zu zwei Dritteln voll. Dann wird der Deckel locker aufgesetzt, sodass Gase entweichen, aber Fliegen und Brummer nicht hineinkönnen. Nach einigen Wochen in der Sonne teilt sich die Fischmasse: Oben steht das goldgelbe Öl, unten setzen sich die Feststoffe ab. Das Öl wird abgegossen und in die Kastenfallen geträufelt, sodass Fuchs & Co. es nicht mit einem vorsichtigen Griff entfernen können.

Fischöl – Für Rotröcke die pure Verlockung.

371 Vielseitige Papiertaschentücher

Papiertaschentücher sind nicht nur für die laufende Nase nützlich. Beim Aufbrechen im Dunkeln ersparen sie als Unterlage für das Messer Sucherei, eignen sich zum Markieren des Anschusses und helfen, wie erwähnt, Schweiß zu finden, wenn man breitflächig mit ihnen über den Erdboden wischt. Zudem zeigt ein winzig kleiner Schnipsel zuverlässig die Windrichtung an.

372 Wie groß ist Wild?

Das Getreide ist kniehoch – wie weit ragt ein Reh noch aus dem Grün heraus? Die Größen, die man vom gestreckten Wild kennt, lassen sich schlecht auf das lebende Stück übertragen. Als Anhalt gilt: Ein Rehbock hat etwa 35 cm Bodenfreiheit und 65 cm Widerristhöhe, ein Rothirsch 65 bis 70 cm Bodenfreiheit und etwa 120 cm Widerristhöhe. Zur Verdeutlichung: Bei einem normal großen Menschen ist die Oberkante des Knies etwa 50 cm hoch. Ein Rehbock ist demnach gut kniehoch.

373 Windangel

Mittels eines Weinkorkens, einer Feder, etwas Schnur und eines leichten Gewichtes, beispielsweise einer M10-Mutter, lässt sich ein praktischer Windanzeiger herstellen. Die Feder wird

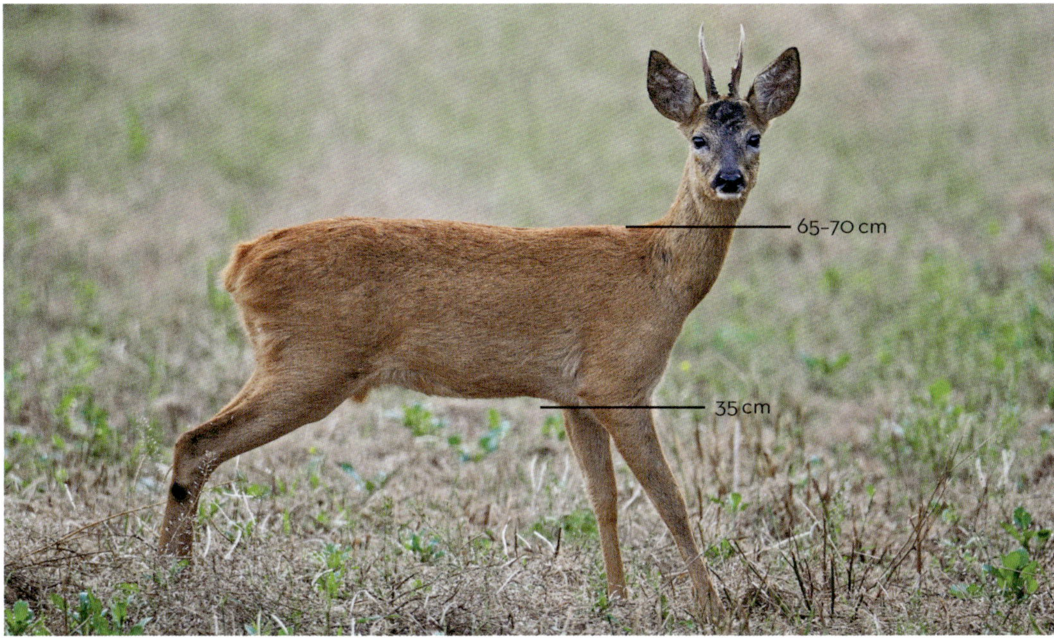

Ein Rehbock hat etwa 35 cm Bodenfreiheit und 65 cm Widerristhöhe.

in den Korken gesteckt, die Schnur um den Korken und das Gewicht an das untere Ende der Schnur gebunden. Mit einem Ausleger an die Kanzel genagelt, kann der Jäger schon aus größerer Entfernung mit dem Fernglas die Windrichtung feststellen und erkennen, ob er eventuell einen anderen Sitz wählen sollte.

Die Windangel verrät die Windrichtung schon von weitem.

374 Wirksamer „Sauenwecker“

Sauen schätzen Walnüsse. Man kann getrost ein Nickerchen machen, nachdem man ein paar Hände voll Nüsse vor den Sitz gestreut oder während des Wartens auf die Schwarzkittel mit einer Zwille in die Gegend geschleudert hat (dann steht die menschliche Witterung nicht am Kirrplatz!). Das Knacken beim Aufbrechen der Schale weckt auch den müdesten Jäger.

375 Wo steht der starke Bock?

Steckt man dort, wo man den Einstand eines Rehbockes vermutet, auf gut einsehbaren Plätzen – Schneisen, Lichtungen, Waldrändern – etwa eineinhalb Meter lange frische Weiden- oder Haselnusszweige tief in den Boden, wird der Bock diese nach wenigen Tagen befegen und dem Jäger seine Anwesenheit verraten.

ZUSATZTIPP Bei großen Treiben ist dort, wo die Hähne vorzugsweise streichen, eine zweite Schützenreihe in 50 bis 100 Metern Entfernung sinnvoll. Hierfür bieten sich Hundeführer an, die die abstreichenden und evtl. kranken Hähne beobachten, erlegen oder sofort nachsuchen.

376 Wo steht man beim Fasanentreiben?

Getriebene Fasane streichen flach über den Acker, um kurz vor einem Knick zu steigen und pfeilschnell weiterzufliegen. Danach segeln sie zu Boden und laufen in der Deckung weiter. Wird kurz vor dem Knick angestellt, wartet man den Hahn ab. Etwa 20 Meter vor dem Knick wird er steigen. In diesem Moment muss der Schuss brechen. So getroffen, fällt der Hahn dem Schützen vor die Füße. Ein idealer Stand beim Fasanentreiben liegt vor dem Knick oder weit dahinter, wenn die Hähne schon segeln.

377 Woher der Wind weht

Für erfolgreiches Pirschen und Ansitzen ist die Beachtung des Windes entscheidend. Dessen Richtung kann man mit einfachen Mitteln erkunden. In die Luft geworfen, werden die Samen des Löwenzahns (Pusteblumen), zerriebenes, trockenes Gras beziehungsweise Laub oder auch abgestreifte Pflanzensamen vom schwächsten Lufthauch erfasst und zeigen dem Jäger sicher an, woher der Wind weht.

Ein guter Stand beim Fasanentreiben liegt entweder vor dem Knick oder weit dahinter, wenn die Hähne schon segeln.

378 Zu wenig Büchsenlicht?

Reicht das Büchsenlicht am Luderplatz für einen sicheren Schuss nicht aus, sollte man in Schussentfernung vor dem Hochsitz Stroh auf einer etwa drei mal drei Meter großen Fläche ausstreuen, nachdem dort etwas Ködermaterial eingegraben wurde. Das Stroh bildet einen hellen Hintergrund, gegen den ein Fuchs auch bei geringem Licht noch zu erkennen ist. Auch frisches Sägemehl erfüllt seinen Dienst.

379 Zwei Gänse sind besser als eine

Der schwerfällig, mühsam wirkende Schwingenschlag der Wildgänse täuscht einen langsamen Flug vor, und doch liegt die mittlere „Reisegeschwindigkeit" einer Graugans bei 80 Stundenkilometern und damit mehr als dem Doppelten aufstehender Rebhühner. Deshalb werden Gänse fast immer hinten, selten vorne vorbeigeschossen. Dubletten gelingen einfacher, wenn man zuerst einen im Verband hinten streichenden Vogel schießt und dann mit der Flintenmündung weiter nach vorne schwingt. So braucht man die fließende Bewegung von Körper und Gewehr nicht zu unterbrechen.

380 Hasen immer erst laufen lassen

Wenn Sie auf einer Treibjagd als Schütze durchgehen und vor Ihnen ein Hase aus der Sasse aufsteht, dann sollten Sie wissen, dass der Hase erst etliche Haken schlägt und schlecht zu treffen ist. Unsere Altvorderen haben den aufstehenden Hasen erst begrüßt, indem sie den Hut gelüftet und wieder aufgesetzt haben. Dann ist der Hase so weit weg, dass er gerade läuft und mit einem sauberen Schuss und vor allem wildbrettschonend erlegt werden kann.

Auf dem Luderplatz ausgelegtes Stroh, bildet einen hellen Hintergrund.

Wenn ein Hase flieht, schlägt er anfangs viele Haken.

381 Telefone: Weniger ist mehr!

Smartphones haben in allen Bereichen der Zivilisation Einzug gehalten und bestimmen das Leben der Menschen in nie geahnter Weise. Auch auf der Jagd sind Mobiltelefone viel und gerne vertreten. Allerdings sollten Sie sich bei Drückjagden, bei denen viele Gäste, die sonst nicht im Revier zuhause sind, mit jagen, sich nicht auf Telefone verlassen. Um die Sauen nicht vorzeitig zu warnen, wird inzwischen oft auf die Begrüßung mit Jagdhörnern verzichtet. Ungeschickt ist es, bei der Begrüßung morgens „Hahn in Ruh" für 13 Uhr auszugeben, nur um dann um 12 Uhr alle anzurufen oder eine Nachricht zu senden, dass man doch bis 14 Uhr sitzen bleiben solle. Sie können nie sicher sein, alle zu erreichen, und dann stiefeln die ersten schon zurück zum Auto, weil sie die Information nicht bekommen haben, und der Rest sitzt noch an. Planen Sie eine Jagd also immer so, dass Sie ohne Telefon auskommen! Früher ging das auch. Einzig ein Notruf für den Arzt oder Tierarzt bleibt ein Fall für das Mobiltelefon.

382 Wenn ein Schütze ausfällt

Es kann immer vorkommen, dass der eine oder andere Jäger kurzfristig absagt. Um handlungsfähig zu bleiben, legen Sie schon vorher fest, wer auf dessen Platz nachrückt. Kompliziert macht es, die restlichen Schützen aus der Gruppe nachrücken zu lassen. Setzen Sie stattdessen den letzten Schützen aus der letzten Gruppe auf den freigewordenen Platz. Der Gruppenführer stellt, wie geplant, alle Jäger an, nur dass „Müller" jetzt „Meier" heißt, und der Gruppenführer der letzten Gruppe mit einem Schützen weniger auskommen muss.

Auf eine Begrüßung mit Jagdhorn wird heute oft verzichtet.

383 Schöne Schnepfe

Die Trophäen der Schnepfe sind die Malerfedern und der Schnepfenbart, beides sehr kleine Stücke. Dabei hat die eher unscheinbar anmutende Schnepfe unter dem heimischen Federwild die schönsten Federn. Ein Teil besitzt schneeweiße Spitzen, die hervorragend zur Geltung kommen, wenn man sie in der verschossenen Patronenhülse sammelt. So kann man auch andere Federn sammeln, beispielsweise die Stoßfedern des ersten Fasans eines Jungjägers.

Dekorative Erinnerung an die Erlegung einer Waldschnepfe.

384 „Natürlich“ nachfärben

Im Bast erlegte Trophäen, die beim Bleichen stellenweise ihre Farbe verloren haben, kann man auch „ohne Chemie“ nachfärben, indem man die bleichen Stellen mit der noch grünen äußeren Schale unreif geernteter Walnüsse einreibt. Weicht man die Schalen in Wasser ein und trägt den daraus entstehenden Sud auf, erhält man denselben Effekt. Es funktioniert auch mit starkem Teesud!

385 Alte Schädel in neuem Glanz

Unansehnlich verwitterte Schädel (beispielsweise von Fallwild) erstrahlen in neuem Glanz, wenn man sie nach ausgiebigem Wässern mit zwei Löffeln Backpulver je Liter Wasser kocht, gründlich spült und anschließend mit Wasserstoffperoxid behandelt.

Nachfärben „ohne Chemie“ mit Sud aus schwarzem Tee oder Walnuss.

386 Auch Bachenhaken sind attraktiv

Auch die Haken alter Bachen sind Erinnerungsstücke und verdienen einen Platz an der Trophäenwand. Da innen nicht hohl, sind sie einfach aufzusetzen. In eine Patronenhülse werden vier Löcher gebohrt. Die Haken werden mit der Wurzel hineingesteckt, mit Klebstoff befestigt und auf ein Keilerbrett geschraubt. Das kann sich sehen lassen.

387 Auch der Sommerbalg ist gut

Ein verbreiteter Irrglaube besagt, nur der Winterbalg des Raubwildes sei wertvoll. Dabei fallen auch die Haare des Sommerbalges beim Gerben nicht aus. Die Felle von Sommerfüchsen lassen sich hervorragend zu einem leichten Mantelfutter verarbeiten. Lediglich unreife Bälge in den Übergangsphasen vom Sommer- zum Winterhaar und umgekehrt – auch grünledrig genannt – verlieren die Haare.

388 Aufsetzen problemlos und haltbar

In die Hirnschale des abgekochten und trockenen Schädels wird ein Holzklotz eingelegt und die Zwischenräume werden mit Kunststoffschaum oder Silikon gefüllt. Nach dem Abbinden wird die Schädelrückseite mit dem Bandschleifer glatt auf Maß und Schräglage gebracht. Damit das Nasenbein nicht ausbricht, kann rückseitig zusätzlich ein Nagel eingelegt werden. Nach dem Vorbohren des Trophäenschilds wird der Schädel mit zwei Holzschrauben befestigt. Wenn sie sauber abgeschliffen wurde, liegt die Trophäe rundherum plan auf dem Brettchen an.

389 Der Kochtopf bleibt wie neu

Kocht man eine Trophäe über dem offenen Feuer ab, reibt man den Boden des Topfes mit grüner Seife ein, bevor er auf die Flamme gesetzt wird. So kann man anschließend den Ruß problemlos entfernen und der Topf sieht wieder aus wie neu.

Mit einem Bandschleifer lässt sich das Gehörn einfach und passgenau aufsetzen.

Das Knochenmehl zeigt an, wo durch das Trophäenbrett gebohrt werden muss.

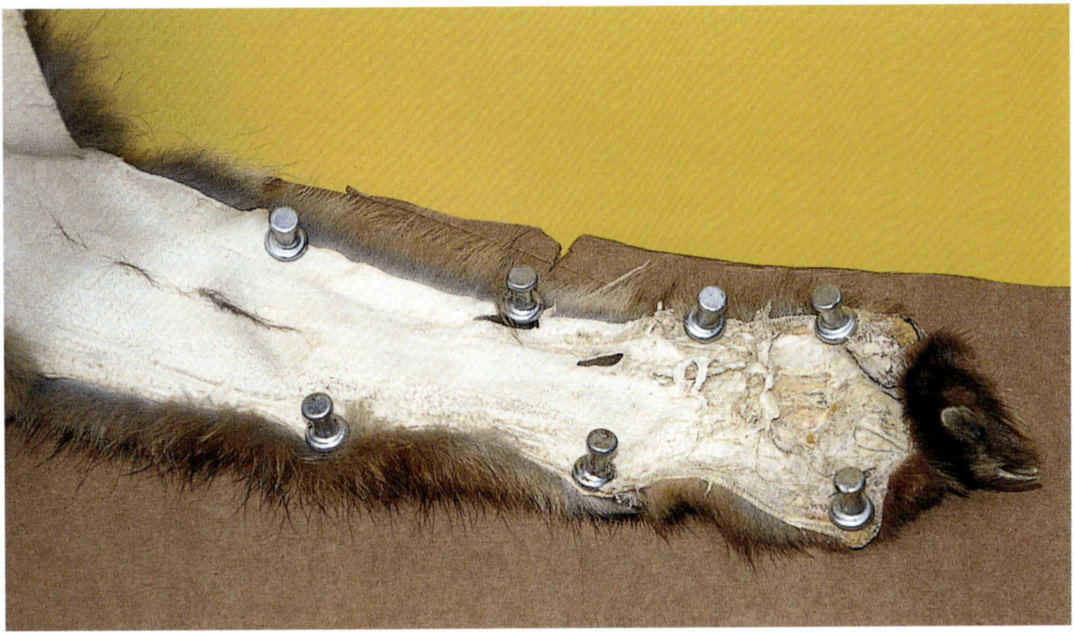

Bälge können zum Trocken mit Pushpins fixiert werden.

390 Die Löcher im Trophäenbrett

Damit die Trophäe wie gewünscht auf ein Brett gesetzt werden kann, müssen die Löcher für die Schrauben von hinten genau in die vorgesehene Stelle des Trophäenbrettes platziert werden. Mit der Bohrmaschine wird von hinten in die Rosenstöcke gebohrt, das Brett mittig draufgelegt, mit festem Griff gehalten, umgedreht, und schwupp, rieselt der entstandene Knochenstaub haargenau dorthin, wo die Schraubenlöcher hingehören. Durch die so auf der Brettoberfläche entstandenen zwei hellen Punkte wird gebohrt – und schon sitzt die Trophäe passgenau.

391 Einfaches Trocknen des Balges

Bei zum Trocknen aufgespannten Bälgen soll man Gehöre, Lunte und Läufe mit Papier auskleiden, um deren Zusammenrollen zu verhindern. Einfacher ist es, die Läufe mit dicker Wellpappe zu unterlegen und mit sogenannten Push Pins festzustecken. Die Lunte wird nur aufgeschärft. Damit sie nicht zusammentrocknet und fault, streut man auf die Fleischseite grobe Sägespäne. Sie bleiben sofort haften und verhindern, dass die Lunte wieder zusammenklebt.

392 Einheitliche Brettchen

Wer das bunte Sammelsurium bereits erlegter Trophäen auf einheitliche Brettchen „umstellen“ möchte, kauft sinnvollerweise einen großen Schwung neuer von einem Markenanbieter. Nur das sorgt für gleichbleibende Qualität und eine Nachkaufgarantie. Trotzdem sollte man sich auch dann für die nächsten Jahre mit Brettern eindecken, damit sie alle gleichmäßig altern.

393 Federwild für den Präparator

Will man einen Vogel ausstopfen lassen, ist er vorher entsprechend vorzubereiten, sprich zu behandeln. Körperöffnungen wie Schnabel, Stecher, Weidloch oder Ein- bzw. Ausschüsse werden mit einem Wattebausch verschlossen, damit Schweiß oder Körperflüssigkeit das Gefieder nicht beschmutzen. Anschließend wird der Vogel zum Transport und zur Aufbewahrung mit dem Kopf zuerst in einen Perlon-/Nylonstrumpf geschoben. So ist das Federkleid optimal geschützt.

Mit einem Stoffbeutel kommt der Bock beim Wässern „unter die Haube“.

ZUSATZTIPP Lösen sich die Federn schon beim einfachen Darüberstreichen aus dem Körper, ist der Vogel nicht mehr zum Präparieren geeignet.

394 Fliegenfrei wässern

Leider zieht eine Bocktrophäe beim Wässern im Eimer Fliegen an. Eine einfache Stofftasche passt genau über einen Zehn-Liter-Eimer und dichtet ihn fliegensicher ab. Bei warmer Witterung darf der Eimer nicht luftdicht verschlossen werden, da der Inhalt sonst in Fäulnis übergeht.

395 Kein Ärger mehr mit der Rübe

Um beim Abbalgen von Raubwild die Lunte nicht zu beschädigen, klemmt man das dicke Ende der Rübe vor dem verbliebenen Balg in eine Wäscheklammer, presst diese fest zusammen und kann dann die Wurzel ohne Beschädigung bis zur Luntenspitze herausziehen. Vorher löst man die Rübe und den Balg dadurch, dass man die gesamte Rute mehrfach bricht, bis es knackt.

396 Kein Gestank beim Abkochen

Das Abkochen von Schädeln, besonders wenn sie vorher ein paar Tage lagen, hat schon manchen Ehekrieg hervorgerufen, da sich „die beste Ehefrau von allen“ an dem etwas strengen Geruch stört, der durch Küche und Haus dringt. Ein starker Schuss Essig in das Abkochwasser, und es gibt kaum Geruchsprobleme.

Motten nehmen vor grob gestoßenem Pfeffer Reißaus.

397 Kein Problem mit großen Trophäen

Zum Bleichen großer Trophäen kann man sich mit einfachen Mitteln einen passenden Behälter anfertigen. Drei Stücke einer Dachlatte, möglichst eng um den abgekochten und abgeschlagenen Schädel gelegt, werden verschraubt oder zusammengenagelt, sodass ein Dreieck entsteht. Dort hinein wird eine stabile Folie getackert, und schon hat man ein maßgeschneidertes Bleichgefäß.

398 Kleiderbügel als Abkochstativ

Von Reinigungen kostenlos mitgelieferte Drahtbügel eignen sich beim Abkochen hervorragend zum Fixieren von Trophäen. Oft kippen Letztere in einem großen Behälter um, die Rosen werden mitgekocht, unansehnlich und müssen nachbehandelt werden. Der Bügel lässt sich problemlos so biegen, dass die Stangen des Bockes oder Hirsches eingeklemmt werden können. Der Draht wird auf den Topf- oder Eimerrand gelegt und verhindert ein Kippen des Schädels.

399 Mottenschutz für Bälge, Decken, Schwarten

Motten nehmen vor grob gestoßenem Pfeffer Reißaus. Die gemahlenen Pfefferkörner streut man in den Pelz, der danach nur leicht ausgeschüttelt wird (nicht ausbürsten!), und das gute Stück ist vor Mottenfraß sicher. Ganze Gewürznelken erfüllen den gleichen Zweck und riechen auch noch angenehm.

ZUSATZTIPP Helle Gehörn- oder Geweihenden spart man allerdings aus, weil deren Färbung unnatürlich wäre.

400 Nachfärben mit Apothekers Hilfe

Wird beim Abkochen oder Bleichen eines Gehörns oder Geweihs die braune Färbung der Rosen oder Stangen beseitigt, kann man sie nachfärben. In der Apotheke kauft man Kaliumpermanganat und mischt eine konzentrierte Lösung mit Wasser an. Die dunkelblaue Flüssigkeit wird vorsichtig mit einem Pinsel auf die beschädigten oder ausgebleichten Stellen getragen. Je nach Konzentration der Lösung färbt sich der Knochen nach dem Trockenwerden in ein helleres oder dunkleres Braun. Selbst abgekochten Bastgehörnen kann man eine täuschend echte Färbung verpassen.

401 Nasse Pelze schleudern

Eine Wäscheschleuder eignet sich gut zum schonenden Vortrocknen von Bälgen und Wilddecken. Solange aus dem Abfluss noch reichlich Schmutzwasser läuft, können sie bedenkenlos weiter geschleudert werden.

402 Pelzdecken brauchen „Unordnung“

Erfolgreiche Raubwildjäger lassen sich aus Fuchsbälgen dekorative Decken nähen. Solche wertvollen Schmuckstücke sollten zur Aufbewahrung oder zum Transport nicht akkurat gefaltet werden, weil sie an den Knicken leiden. Auch wenn es dem Ordnungssinn zuwiderläuft und unschön aussieht: Zusammenknüllen ist schonender!

403 Pelze und Leder schneiden

Benutzen Sie stets ein Messer, wenn Sie Pelze bearbeiten: Mit einer Schere zerschneiden Sie nicht nur das Leder, sondern auch die Haare. Pelze und Felle werden nur von der Lederseite her mit einem Messer geschnitten. Im Gegensatz dazu durchtrennt man weiches Handschuhleder mit der Schere, weil es beim Schnitt mit dem Messer gezogen wird und nicht mehr die erforderliche Maßhaltigkeit besitzt.

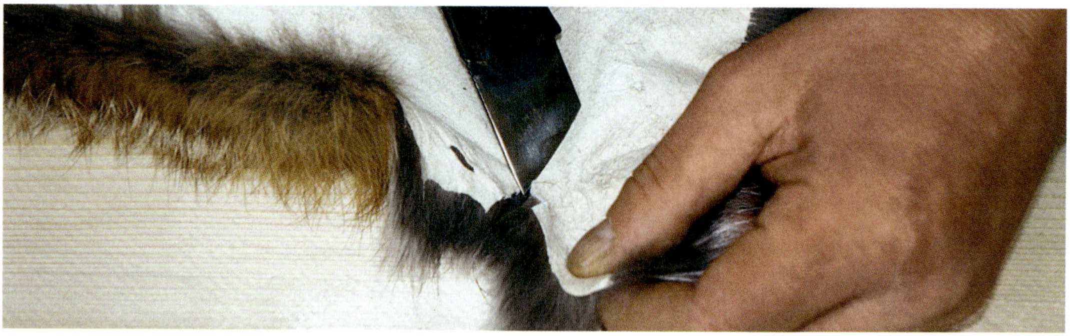

So ist es richtig: Mit einem Schuster- oder Teppichmesser wird der Balg von der Lederseite her geschnitten, die Haare werden dabei nicht zertrennt.

404 Perückenbock — Was nun?

Hatte man das Glück, einen Perückenbock zu erlegen, sollte der innerhalb weniger Stunden zum Präparator. Die Perücke verdirbt sehr schnell irreversibel. Bei geplanter Kopf-Schulter-Montage darf beim Aufbrechen der Schnitt auf keinen Fall vom Stich zur Drossel geführt werden, denn den sieht man bei den kurzen Haaren an der Rehdecke immer. Am einfachsten wird der Bock vom Schloss zum Brustbein aufgeschärft und nach Entfernen des Gescheides zum Präparator geschafft. Ist es unvermeidbar, ihn vorübergehend einzufrieren, trennt man die Vorderläufe im Gelenk und den Rücken mit der Axt oder Säge hinter den Rippen ab. Wenn schon einige Hundert Euro für den Präparator fällig sind, sollten drei Kilo Wildbret keine Rolle spielen.

405 Rehgehörne hinten plan

Damit die Rehgehörne eben auf dem Brett anliegen, werden sie nach dem Absägen geschliffen. Am einfachsten geschieht das auf einem Bandschleifer mit einem breiten Band. Man kann so auch den Winkel, in dem die Trophäe auf dem Brett befestigt sein soll, noch leicht korrigieren. Wer die Ausgabe für einen Bandschleifer scheut, kann ein Stück Sandpapier auf ein flaches Brett kleben und darauf die Schädelrückseite reiben.

Pelzdecken sollten nicht akkurat gefaltet werden.

406 Reißende Keilerwaffen?

Um das Reißen aufgesetzter Keilerwaffen zu verhindern, dürfen sie maximal 30 Minuten kochen, bevor sie aus dem Unter- bzw. Oberkiefer gelöst werden. So werden Spannungen in den unterschiedlichen Zahnschichten weitgehend vermieden. Anschließend werden die Zahnhöhlen entleert und die Waffen für einige Tage gewässert, getrocknet und entfettet. Die trockenen Zähne gießt man mit Holzkleber oder Kunst(Epoxi)harz aus. Dazu stellt man sie in ein mit Sand oder Salz gefülltes Behältnis. Das Ausgießen erfolgt in Etappen, bis die Zahnhöhle nach dem Aushärten der jeweils letzten Leim- bzw. Harzgabe gefüllt ist. Kleber bzw. Harz hält bei sorgfältiger Füllung der Zahnhöhle Haderer und Gewehre zusammen und verhindert deren Reißen.

Klauenhammer: Damit lässt sich der Balg zum Auslösen der Schwanzrübe festhalten.

In einen sandgefüllten Eimer gesteckt, lassen sich Keilerwaffen verfüllen.

407 Rübe raus mit dem Klauenhammer

Das Auslösen der Lunte bereitet besonders bei vorher tief gefrorenem Raubwild Schwierigkeiten, da der Luntenbalg sehr leicht abreißt. Klemmt man die Wurzel in die Klaue eines Hammers und hält den Balg damit zurück, während die Schwanzrübe herausgezogen wird, ist die Gefahr gebannt.

408 Saubart binden

Um einen Saubart zu binden, sortiert man die Federn und kämmt die Unterwolle aus. Man wird nicht umhinkommen, jede Borste einzeln anzufassen. Der Bart wird mit den Haarwurzeln nach unten in einem hohen Glas gesammelt. Um ihn in Form zu bringen, biegt man aus leichtem Karton (15 cm lang und 3 cm hoch) eine

Die Borsten der Sau werden mit Karton umwickelt und in ein Gefäß mit Klebstoff gestellt.

Schablone. Die Borsten werden am unteren Ende mit dem Kartonstreifen umwickelt, mit einer Nadel fixiert und mit Zweikomponentenkleber in einer Plastikdose gebunden. Nach dem Aushärten wird die Dose zerschnitten, der Kleber in Form gebracht und das untere Ende des Saubartes mit Filz oder Bindfaden umwickelt.

409 Saubere Trophäen

Das Abkochen der Trophäen löst nicht nur das Fleisch von den Knochen, sondern auch den natürlichen Knochenleim. Das kann den Schädel brüchig machen. Verhindert wird das, indem nach dem Bleichen Holzleim dünn auf den Schädel aufgetragen wird. Er zieht in den Knochen ein, gibt ihm seine Festigkeit zurück, macht ihn haltbarer und verleiht ihm einen milden Glanz.

410 Sauberer Schnitt dank Flex

Trophäen mit ganzem Schädel können zum Aufsetzen problemlos vom Nasenbein Richtung Augenhöhle mit der „Flex“ und einer Diamantscheibe durchtrennt werden. Man erhält einen sauberen Schnitt ohne splitternde Knochen.

411 Sparsames Bleichen mit Papiertaschentüchern

Wasserstoffperoxid lässt sich auch einsparen, indem man einen knappen Viertelliter davon in ein Plastikgefäß füllt und den ausgiebig mit dem Bleichmittel befeuchteten Schädel hineinlegt. Dann bedeckt man den Schädelknochen mit ebenfalls H_2O_2-getränkten Papiertaschentüchern so, dass deren Zipfel in die Bleichlösung reichen. Die Tücher saugen Lösung nach und in wenigen Stunden ist der Schädel weiß. Anschließend wird der Behälter bis zur nächsten Aktion fest verschlossen aufbewahrt.

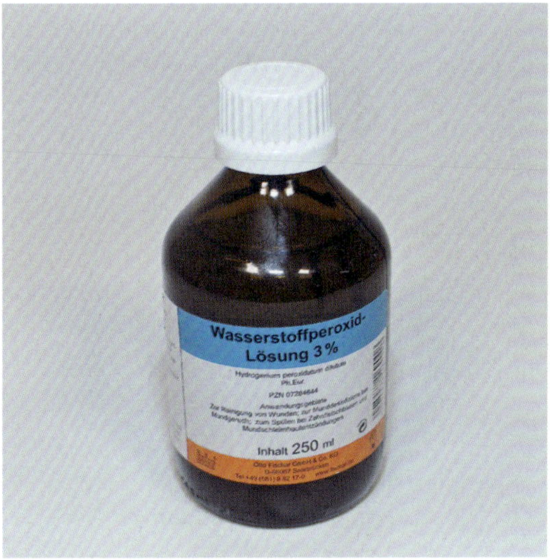

Wasserstoffperoxid als Bleichlösung für die Trophäen.

412 Stets hübsch gefärbte Grandeln

Grandeln verlieren mit der Zeit ihre Färbung. Man kann sie wieder bräunen, indem man sie mit Hydrochinon-Kristallen in einer Büchse verschließt. Sobald sie sich zu verfärben beginnen, muss täglich kontrolliert werden, damit sie nicht zu dunkel geraten. Auch eine glühende Zigarre kann zum „Nachdunkeln“ benutzt werden.

413 Nasenreparatur

Ist das Nasenbein abgebrochen oder hat sich beim Abkochen gelöst, fixieren Sie es und tragen mit der Heißklebepistole von hinten etwas flüssigen Kleber auf. Nach dem Erkalten sieht man nichts davon. Ausrichten können Sie die Knochensplitter mit Knete.

414 Bälge immer spannen

Salzt man einen Balg ein, schrumpft er. Seine Größe erhält er durch das Spannen zurück. Ein fachgerecht gespannter Balg besitzt auch nach dem Gerben noch bzw. wieder seine ursprünglichen Maße.

415 Bleichen im Nu

Wird der abgekochte und von Fleischresten gereinigte Schädel vor dem Bleichen ein weiteres Mal für ein bis zwei Minuten in kochendes Wasser gelegt und, noch nass, umgehend innen und außen mit Wasserstoffperoxid bepinselt, wird er blütenweiß. Das zweite Kochen öffnet die Poren, in die das Bleichmittel eindringt.

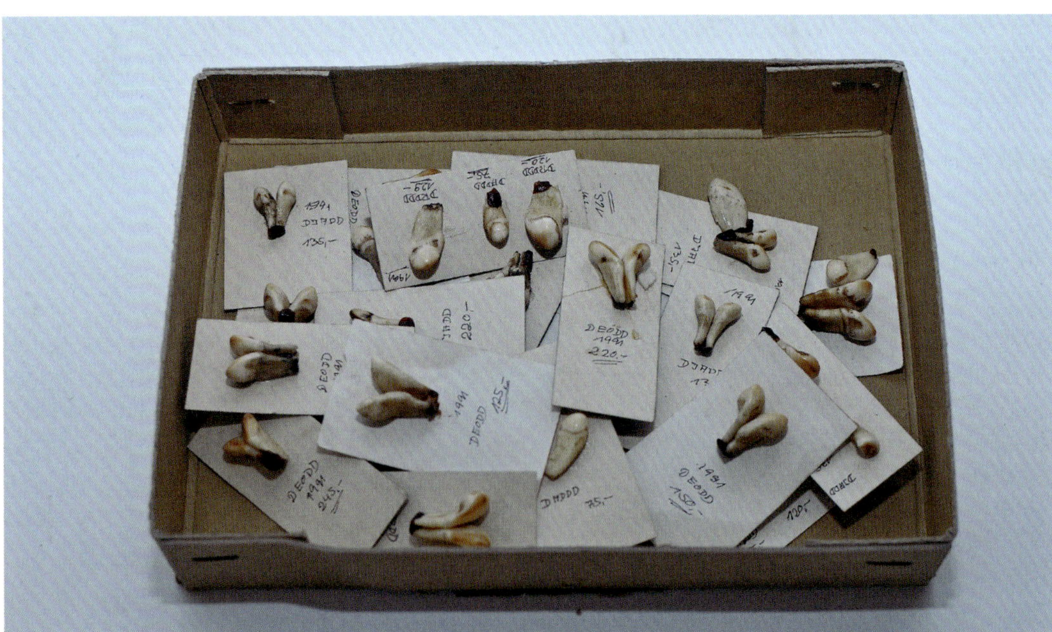

Eine Sammlung verschiedener Grandeln.

416 Trophäen renovieren

Zum Ankleben von Knochenteilen an beschädigten Trophäen sollte man keine künstlichen Kleber verwenden, die mit der Zeit verfärben und unansehnlich werden. Einfacher Holzleim hat sich bestens bewährt. Auf Prädikate wie „wasserunlöslich" etc. sollte beim Kauf verzichtet werden, denn diese Zusätze sind es, die später die hässliche braune Färbung hervorrufen.

Einfacher Holzleim als Klebstoff verfärbt sich nicht.

417 Trophäentransport leicht gemacht

Beim Abkochen vieler Bovidentrophäen (Gams, Muffelwidder, Antilope) werden die Schläuche vom Schädel abgezogen, da sich zwischen Knochen und Horn eine Masse befindet, die nach kurzer Zeit penetrant und mitunter jahrelang stinkt. Nach Säuberung werden die Schläuche wieder auf die Stümpfe gesteckt. Hygienisch und mitunter sehr platz- und gewichtsparend für den Transport größerer Trophäen ist es, die Knochenstümpfe bis zum unteren Viertel abzusägen. Die Hornschläuche können auch mit im Gepäck reisen und verursachen keine Kosten bei der Trophäenspedition. Sind die eigentlichen Hörner später wieder aufgesteckt, sieht man nicht mehr, was sich darunter (nicht) verbirgt.

418 Wetzstahl für die Achseln

Raubwild abzubalgen ist nicht schwierig. Allenfalls bei der Achselhöhle wird es kompliziert. Ein Wetzstahl kann hier hilfreich sein. Mit seiner abgerundeten „Spitze" kann man hervorragend zwischen Balg und Vorderläufen hindurchstoßen, ohne den Balg zu verletzen. Greift man den Stahl nun an den Enden und zieht ihn nach unten, löst sich der Balg schnell und sauber von den Läufen.

Frischer Kaffeesatz vertreibt schlechte Gerüche.

419 Aufbrechen „hangabwärts“

Zum Aufbrechen „kopfüber“ braucht man zwei Dinge: Ein Auto (mit Wildträger auf der Anhängerkupplung) sowie eine (Graben)Böschung. Der Wagen wird unmittelbar an den Rand der Bodenvertiefung gefahren und das Stück Wild mit den Hinterläufen an Stoßstange oder Wildträger befestigt, sodass es mit dem Kopf nach unten an der Böschungswand hinunterhängt. Es geht also auch ohne kostspieligen Aufbrechbock.

420 Aufbrechklinge überflüssig

Ein verzichtbares Zubehör am Taschenmesser ist die Aufbrechklinge. Ebenso überflüssig ist ein sogenannter „Guthook“, ein Haken zum Öffnen der Bauchdecke an Messern mit feststehender Klinge. Eingesetzt werden beide „Accessoires“ nämlich nur beim Aufschärfen der Bauchdecke. Wer fürchtet, dabei das Gescheide zu verletzten, kann auch ohne „Zusatzgeräte“ auf Nummer sicher gehen: Man fasst die Decke an der Drossel und hebt sie an, führt dann die Messerklinge quer zur Bauchlinie und schärft einen handbreiten Streifen vom Brustbein bis zur Beckennaht aus der Decke. Erst dann öffnet man die Bauchhöhle des Stücks.

421 Gespreizt lüftet besser

Hosenspannbügel haben sich zum Aufspreizen des Wildkörpers beim Abhängen von Rehwild bewährt. Die verschiebbare Spannvorrichtung hält die Bauchhöhle problemlos offen, und reicht bei stärkeren Stücken ein Bügel nicht aus, kann man einen zweiten einsetzen.

422 Keine riechenden Hände mehr

Hat man ein weich geschossenes Stück Wild aufbrechen müssen, wird man trotz Seife den unangenehmen Geruch des Panseninhaltes nur schwer wieder los. Frischer Kaffeesatz schafft hier Abhilfe. Reibt man sich damit die Hände ein und spült sie mit klarem Wasser ab, vergeht das Odeur.

423 Hilfreich zum Aufbrechen und Transportieren

Besamungshandschuhe, wie sie von Tierärzten verwendet werden, reichen bis über die Ellbogen und sind ideal zum Aufbrechen stärkeren Wildes. Nach der roten Arbeit fasst man den Aufbruch, stülpt die großen Handschuhe darüber und hat so auch noch einen sauberen Transportsack.

424 Heilende Fette

Schon unsere Vorväter schworen auf die heilende Wirkung von Dachs- und Murmeltierfett bei Rheuma, Hexenschuss oder Ekzemen. Es ist nun einwandfrei erwiesen, dass beide Wildarten in ihrem Schmalz Kortikosteroide speichern, die bei diversen Erkrankungen verschrieben werden.

425 Knochen

Lange Knochen nehmen in der Kühltruhe viel Platz ein. Besser ist es, die Knochen im Kniegelenk abzuschneiden und dem Braten so beizulegen oder eine Brühe beziehungsweise einen Fond daraus zu kochen. Vor dem Braten oder Kochen werden die Knochen mit der Rückseite der Axt zerbrochen (evtl. auch schon vor dem Einfrieren, wenn die Splitter nicht durch die Tüte stechen).

426 Moskitonetz vom „Barras"

Armeegeschäfte (Bundeswehrshops) bieten Moskitonetze an, die groß genug sind, um sogar ein Stück Rotwild hineinzuhängen. So kann das erlegte Stück im Sommer hygienisch bis zum Zerwirken aufgehängt werden, ohne dass es von Fliegen belagert wird.

427 Plastikschlitten als Bergehilfe

Preiswerte Plastikschlitten für Kinder lassen sich als ideale Bergehilfe für Wild bis 50 Kilogramm Gewicht einsetzen. Mit einem Strick und einem griffigen Stück Holz als Handgriff lässt sich das erlegte Stück schnell und einfach über Stock und Stein ziehen, und das nicht nur bei Schnee.

Ein großformatiges Moskitonetz schützt vor Insektenbefall.

Ein Leiterbock und ein paar Bretter werden zu einem Aufbrechschragen ...,

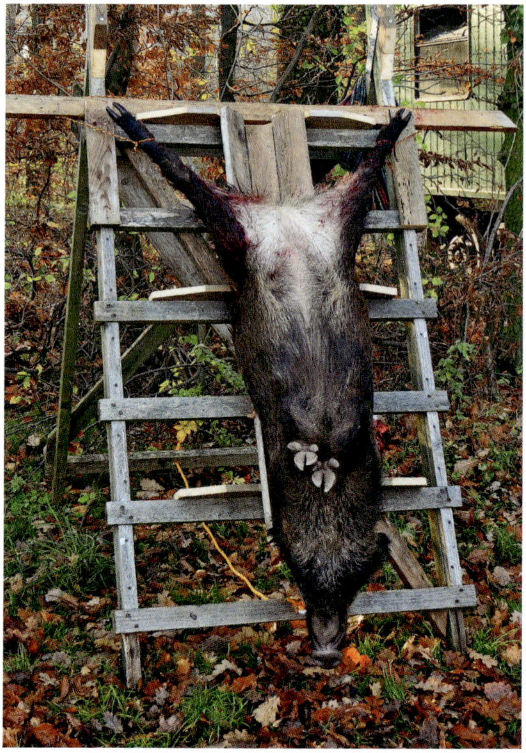

... der das Aufbrechen erleichtert, weil das Stück in seiner Position bleibt.

428 Schragen für die Schlachtermethode

Als Standard für das hygienisch optimale Aufbrechen des Wildes gilt die sogenannte Schlachtermethode. Die Arbeit an den kopfunter hängenden Stücken ist einfacher, wenn sie nicht frei hängen und „vor- und zurückpendeln". Aus einem Leiterbock und ein paar passend daran genagelten oder -geschraubten Brettern lässt sich ohne viel Aufwand ein Schragen bauen, der das mühelose Aufbrechen hängenden und doch „ruhiggestellten" Wildes erlaubt.

429 Schragen: Wenn man keinen hat

Früher wurde viel Schalenwild auf dem Schragen abgeschwartet/aus der Decke geschlagen. Heute hängt man leichtes Schalenwild auf. Schwarzwild lässt sich aber am leichtesten auf einem Schragen abschwarten. Eine Leiter, auf zwei Böcke gelegt, erfüllt den gleichen Zweck. Die Sau liegt bombenfest, weil die Leiterholme das Wegrutschen verhindern.

430 Schwarzwild ziehen

Um Schwarzwild zu bergen, schneiden manche Jäger ein Loch in den Kinnwinkel und setzen dort den Haken an. Einfacher ist es aber, ihn durch ein Nasenloch zu ziehen. Dazu wird vom Nasenloch nach innen unter die Oberlippe gestochen. Der Haken rutscht viel seltener heraus.

Stechschutzhandschuh: eine Investition, die sich lohnt.

431 Stechschutzhandschuh

Fast 130 Euro für einen Stechschutzhandschuh auszugeben, ist nicht jedermanns Sache, aber es lohnt sich. Von den Schnitt- und Stichunfällen in der Schlachterei entfallen über 85 % auf Zerlege- und Ausbeinarbeiten. Die Körperteile, in die geschnitten wird, sind die freie Hand (die nicht das Messer hält) und, bedingt durch die Haltung des Ausbeinmessers (Klinge auf der Seite des kleinen Fingers), die Bauchgegend und der Oberschenkel. Ein weiteres Argument für den Handschuh ist, dass man beim Schneiden nicht so auf die linke Hand achten muss und doppelt so schnell arbeitet. Zusätzlich bietet das Kettengeflecht einen sicheren Griff am Fleisch. Kaufen kann man diese Handschuhe in verschiedenen Größen, man muss sie anprobieren. Ist der Kettenhandschuh benutzt worden, wird er mit lauwarmem Wasser grob ausgewaschen und in die Geschirrspülmaschine gesteckt. Menschen ohne Spülmaschine müssen den Handschuh anziehen und mit der Nagelbürste ausgiebig schrubben.

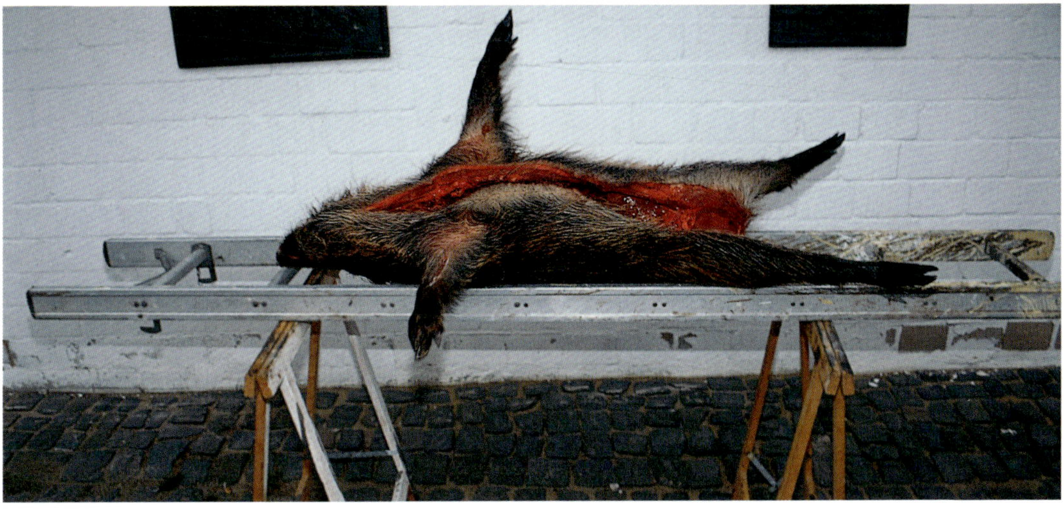

Schragen aus Leiter und Böcken: Die Leiterholme verhindern das Verrutschen der Sau.

Der Nacken dieser Axt ist abgerundet, um damit Wild „aus der Decke zu schlagen".

Vor dem Verschließen wird der Beutel mit Inhalt in einen wassergefüllten Eimer getaucht.

432 Und dann hau ich mit dem Hämmerchen ...

Der Ausdruck „Aus-der-Decke-Schlagen" kommt nicht von ungefähr. Sind die ersten Schnitte am Wildkörper getan, kann man den Nicker getrost beiseitelegen und die Decke ohne Messer vom Wildkörper streifen. Ist es eisig kalt oder hängt das Stück schon einige Tage, löst sich die Haut allerdings nur schwer. Daher bedient man sich eines Hammers, bei Großwild einer Axt, und schlägt mit der Rückseite auf die mit einer Hand stramm vom Wildkörper weggezogene Haut ein. Eine sauberere und schonendere Methode ist kaum denkbar.

433 Vakuumieren mit Wasser

Taucht man Wildbret in einem Gefrierbeutel in einen wassergefüllten Eimer, drückt die Flüssigkeit die Plastikhaut so dicht an den Inhalt, dass kaum noch Luft zwischen Fleisch und Beutel verbleibt. Wird der Beutel nun fest verschlossen ist das Wildbret fast wie vakuumverpackt.

434 Wild bergen leicht gemacht

Messergriffe sind in aller Regel handlich, lassen sich also gut fassen. Mit einem um die Mitte des Griffes gelegten Seil lässt sich Wild hervorragend ziehen. Achtung: Vergessen Sie nicht, die Scheide über die Klinge zu stülpen, um Verletzungen vorzubeugen.

435 Wild bergen ohne Hilfsmittel

Soll erlegtes Wild bis zum nächsten befahrbaren Weg geborgen werden, hesst man das Stück an einem Vorderlauf ein, legt also oberhalb der Schalen einen Schlitz zwischen Knochen und Sehne an, und steckt einen bleistiftdicken Stock oder ein Messer hindurch. An ihnen lässt sich die Beute bequem ziehen.

436 Erlegtes Wild markieren

Beim Streckelegen kommt es oft zu Verwechslungen bei der Zuordnung der Stücke zu den Erlegern. Möchte man sein eigenes, weil besonders sauber gestrecktes Stück Schalenwild auch erwerben, schlitzt man einen Lauscher ein und erkennt später das Stück wieder. Den Lauscher komplett abzuschärfen, macht keinen guten Eindruck. Einen wildbretschonend erlegten Hasen kann man mit einem kleinen Trick vor den Begehrlichkeiten anderer Jäger schützen: Man taucht Meister Lampe an einem Bach oder Graben ins Wasser. In dem nassen Balg sieht er ausgesprochen unappetitlich aus und bleibt meist bis zum Schluss auf der Strecke liegen. Der Jagdherr ist froh, wenn sich jemand des „Ladenhüters“ erbarmt. Nach dem Abbalgen ist der Hase sauber und appetitlich.

Um Wild zu ziehen, hesst man einen Vorderlauf sehr weit oben ein und steckt ein Stück Holz als Griff hindurch.

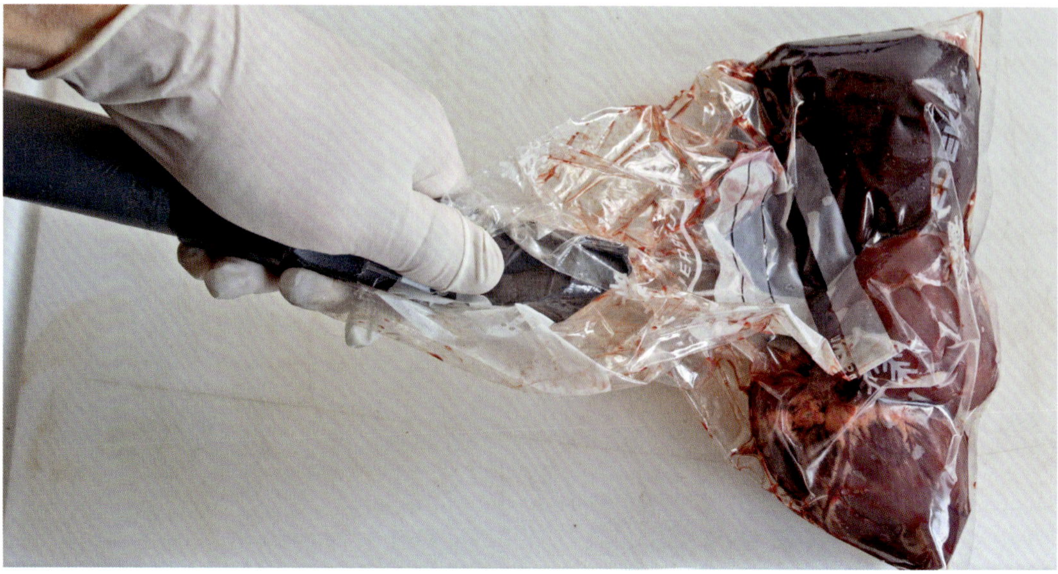

So bleibt die Luft auch ohne Vakuumiergerät außen vor:
Der Staubsauger saugt sie zuverlässig aus dem Gefrierbeutel.

437 Wildbrett „vakuumgesaugt“

Mithilfe der kleinsten Düse eines Staubsaugers lässt sich problemlos die Luft aus mit Wildfleisch gefüllten Plastikbeuteln saugen. Mit Daumen und Zeigefinger umschließt man die angelegte Düse fest und schaltet den Staubsauger ein. Im Nu legt sich das Plastik stramm um das Fleisch. Anschließend sorgfältig und dicht verschlossen, kann man den Beutel platzsparend in der Kühltruhe lagern.

438 Wildbret nicht zu früh in den Kühlraum

Wenn ein erlegtes Stück Wild die Temperatur von ungefähr 11 Grad unterschreitet, bevor der pH-Wert auf mindestens 6,0 abgesunken ist, wird es zäh. Deshalb sollte es nicht zu früh in den Kühlraum verbracht werden, sondern erst nach Eintritt der Totenstarre, die ein Zeichen für die beginnende Säuerung des Fleisches (pH-Wert 6 oder geringer) ist.

439 Wildträger mit Doppelfunktion

Wildträger auf der Anhängerkupplung des Jagdautos sind doppelt praktisch: Nicht nur zum Transport des Wildes, sondern auch für ein rückenschonendes und sauberes Aufbrechen. Legt man das Wild in den Wildträger, kann es nicht zur Seite kippen, sondern bleibt in stabiler Rückenlage. Außerdem muss man sich bei der Arbeit nicht weit hinunterbeugen.

440 Wildvermarktung schnell und einfach

Auch Rehe werden nach folgendem Motto geteilt:
Kühe, Schafe und auch Schweine,
haben allesamt Gebeine,
darum muss beim Fleischabwiegen,
jeder ein paar Knochen kriegen.
Hält man sich vor Augen, dass die begehrtesten Stücke Keulen und Rücken sind, kann man ein Reh in drei Portionen teilen, den Preis ebenso. Der Preis für das Reh plus das Zerwirken (und Entsorgen der Reste!) wird durch Drei geteilt: Ein Drittel die eine, ein Drittel die andere Keule, ein Drittel der Rücken. Blätter, Rippen und Hals werden auf die drei Portionen verteilt. Meist kommen zu einer Keule noch die Rippen und das Blatt der Seite. Der Träger kommt zum Rücken. So fällt die langwierige Rechnerei weg und eine Waage ist nicht notwendig. Wenn Kunden Wild vom Jäger kaufen, erwarten sie weder 100-Gramm-Preise noch exakte Gewichtsangaben.

441 Zum Aufbrechen die Hände frei

Mit einem über den Kopf gezogenen, breiten Gummiring kann man geschickt eine Taschenlampe festklemmen und besitzt zum Aufbrechen eine Lichtquelle, die beide Hände frei lässt. Eine (im Versandhandel erhältliche) Kopf- oder Stirnlampe, ebenfalls preiswert, erfüllt allerdings denselben Zweck – und ist einfacher zu installieren.

Eine hell leuchtende Stirnlampe.

JAGDREISEN UND HÜTTENLEBEN

TIPPS FÜR – JAGDREISEN UND HÜTTENLEBEN

Gesundheitliche Probleme, falsche Ausrüstung, Schwierigkeiten beim Trophäentransport oder entwendete Jagdwaffen müssen nicht sein, wenn Wildnis und Abenteuer rufen. Sie reisen unbeschwerter, wenn Sie die bewährten Ratschläge in diesem Kapitel beherzigen.

442 Zimt gegen Ameisen

Ein altes Hausmittel gegen Ameisen ist Zimt. Einfach auf die Ameisenwege streuen und die kleinen Tierchen bleiben fern. Es wirkt besser als Gift, ist umweltschonend und tötet nicht.

443 Pfefferminz gegen Mäuse

Treiben es die kleinen, grauen Nager zu arg in der Jagdhütte, genügt es mitunter, um sie zu vertreiben, in Pfefferminzöl getauchte Papierstreifen oder Lappen auszulegen. In kurzer Zeit hat man meistens wieder Ruhe.

444 Kaffee gegen Wespen

Wespen nehmen Reißaus, wenn man zwei, drei Löffel gemahlenen oder Instant Kaffee auf einer Untertasse/Blechdeckel anzündet. Den Geruch des glimmenden Kaffees mögen Insekten überhaupt nicht – probieren Sie es aus.

445 Klare Windlichter

Kerzengläser mit Wachsresten lassen sich mühelos reinigen, wenn man das Glas mit warmem Wasser und etwas Spülmittel auffüllt. Einige Stunden einwirken lassen und das Wachs löst sich vom Boden.

446 Absolut stromsparend

Klebt man einer Taschenlampe ein Klebeband über den Schalter, knipst sie sich im Koffer nicht unkontrolliert an. Das gilt auch bei anderen batteriebetriebenen Geräten.

447 Astgabel als Aufhänger

Astgabeln aus Holz können als Aufhänger – ob auf der Kanzel oder in der Jagdhütte – sehr dekorativ und außerdem praktisch sein. Zudem geben sie keine metallischen Geräusche ab und kosten (fast) nichts.

448 Bilder an Jagdhüttenwänden

Um Schimmel und Stockflecken hinter aufgehängten Bildern an den Wänden der Jagdhütte zu verhindern, klebt man auf die Rückseite der Rahmen kleine Korkplättchen. Die Luftzirkulation verhindert Schimmelbildung.

Franzbranntwein für die Pflege der Füße.

449 Der Fuß will atmen

Besonders die Füße brauchen nach der Jagd gute Behandlung. Meist werden sie nämlich in dicken Wanderstiefeln versteckt. Im Lager muss man ihnen deshalb Luft und Sonne gönnen und sie zur Erfrischung mit Franzbranntwein und anschließend Hirschtalg einreiben. Man trägt im „Camp“ möglichst offene Sandalen.

Glimmendes Kaffeepulver vertreibt Insekten.

Einfach, praktisch, dekorativ: Der ganz natürliche Haken.

450 Die Erste-Hilfe-Box

Gemeint ist nicht eine Reiseapotheke mit Durchfallmitteln und Aspirin, sondern eine Erste-Hilfe-Box, die in außergewöhnlichen und gefährlichen Situationen zu überleben hilft. Deshalb gehören in die Box Tabletten gegen stärkste Schmerzen. Präparate auf Morphiumbasis machen süchtig und sind ausnahmslos verschreibungspflichtig. Hier muss man dem Arzt den Einsatzzweck erläutern, und sich für den Zoll eine Bestätigung ausstellen lassen, damit es keine Schwierigkeiten gibt. Wichtig ist weiterhin ein Aufputschmittel, stärker als Koffeintabletten. Es soll im Notfall wach und leistungsfähig halten. In die Box gehören außerdem: Desinfektionsmittel für Wunden und Hände, Pflaster, Klammerpflaster, eine Pinzette, ein Skalpell, chirurgisches Nahtmaterial, die Kanüle einer Einwegspritze (um Blasen zu öffnen), eine Nagelschere, ein Einwegrasierer und Papiertaschentücher. Kopfschmerztabletten, außer den starken Schmerztabletten, schaffen einen „klaren Kopf" für richtige Entscheidungen. Die Kiste sollte aus rostfreiem Edelstahl und dicht verschließbar sein. Geeignete Boxen bieten Outdoorshops an. In den Deckel werden mit einer Reißnadel Name und Anschrift des Besitzers geritzt.
Im Notfall kommt es darauf an, die körperliche Leistungsfähigkeit aufrechtzuerhalten. Dazu gehört ausgiebige Körperpflege und richtige Behandlung von Verletzungen. Der kleine Schnitt im Finger, der zuhause in einem oder zwei Tagen verheilt, kann im Wald zu einem Eiterherd werden, der das Überleben gefährdet.

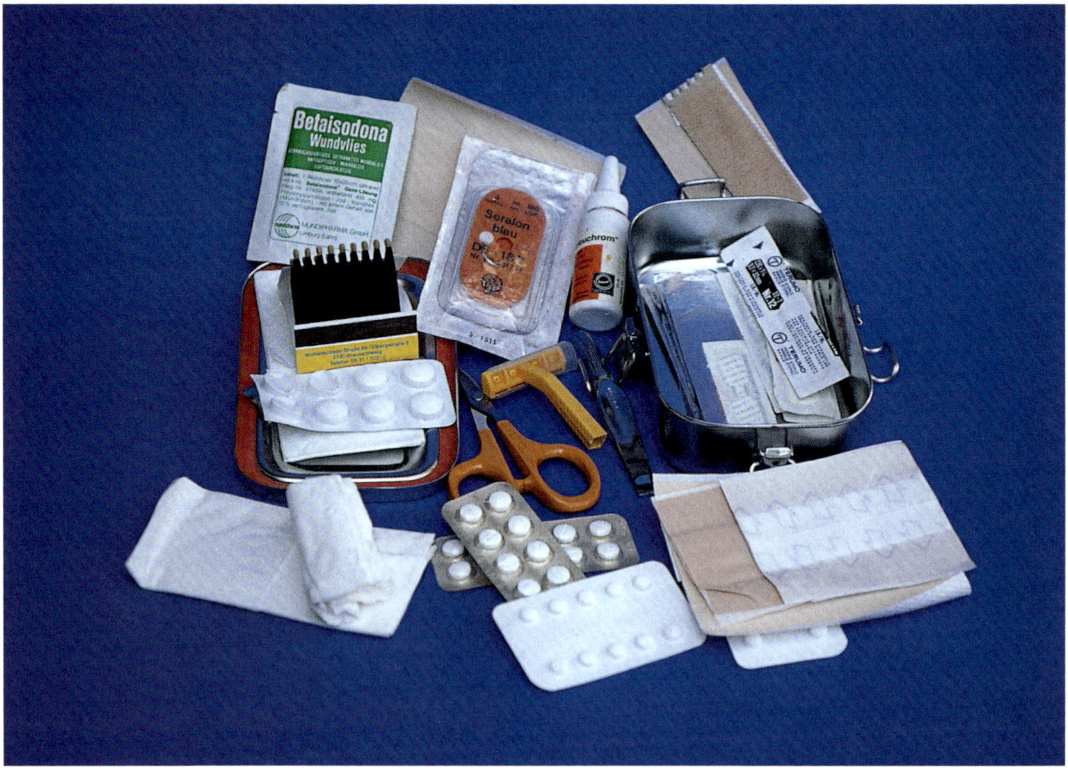

Der Inhalt der Erste-Hilfe-Box mit Sorgfalt zusammengestellt.

ZUSATZTIPP Für Waldarbeiter gibt es spezielle Verbandpäckchen, das sogenannte „Erste Hilfe Forst". Diese sind sehr strapazierfähig und sollten in keiner Jagdtasche fehlen. Auch wenn Schusswunden selten zu versorgen sind, tiefe Schnittverletzungen beim Aufbrechen kommen häufiger vor.

Strapazierfähige Erste-Hilfe-Tasche speziell für den Einsatz im Forst

451 Dose öffne dich

In Outdoorläden findet man Dosenöffner, die problemlos in jede Streichholzschachtel passen. Solch ein nützliches Utensil gehört in jedes Portemonnaie.

452 Einfacher Aschenbecher

Tontauben – auch Wurfscheiben genannt – eignen sich als billige Aschenbecher-Variante für die Jagdhütte. Man sammelt sie auf dem Schießstand, wo nicht getroffene weich gelandet sind.

453 Einfacher Brennholztransport

Ganz bequem lässt sich das Holz für den Hüttenofen tragen, wenn man eine Stofftasche an den Seiten auftrennt, auf der Erde ausbreitet und das Holz darauflegt. Fasst man beide Griffe zusammen, umschließt der Stoff das Holz und ein größerer Stapel Scheite lässt sich einfach und sauber transportieren.

Die Baumwolltasche lässt sich gut als Brennholztrage verwenden.

Birkenrinde, Nadelbaumzweige, bleistiftdickes und daumendickes Holz.

454 Feuer machen – zack, zack!

Wenn man schnell ein heimeliges Feuer in der Jagdhütte (oder auch im Freien) entfachen möchte, es vorher geregnet hat, alles pitschnass und kaum brennbares, trockenes Anzündmaterial zu finden ist, leistet in Speiseöl getränktes Toilettenpapier gute Dienste. Es brennt lange, ist preiswert und fast immer zur Hand.

ZUSATZTIPP Vorsicht mit Wachs: In flüssigem Zustand ist es feuergefährlich und darf nicht an eine offene Flamme geraten.

455 Feuerstarter selbst gemacht

In einer Dose werden Kerzenstummel geschmolzen, in dem flüssigen Wachs wird Wellpappe getränkt und nach dem Erkalten in passende Stücke geschnitten. Alternativ kann man das Wachs auch in die „Kammern“ von Eierkartons gießen, die zuvor mit zerkleinerten Pappresten gefüllt wurden. Ist es wieder ausgehärtet, lassen sich einzelne Anzünder abreißen. Später werden die so gewonnenen Feuerstarter angezündet

Selbst gemachter Feuerstarter aus Wellpappe und Wachs.

unter das Feuerholz geschoben, am besten auf einem trockenen Holz, damit das Wachs nicht ungenutzt im Erdboden versickert. Solche Feuerstarter lassen sich ebenso zum Entzünden des Kamins oder Ofens in der Jagdhütte verwenden.

456 Fliegen meiden Essig

Lässt man von Zeit zu Zeit einen Tropfen Essig auf der Herdplatte verdampfen, kehrt Ruhe vor Fliegen in der Jagdhütte ein. In Wohn- und Schlafräumen helfen ein Strauß Lorbeerzweige oder Lavendelblüten.

457 Haltbare Landkarten

Landkarten – zum Laminieren mit Heimgeräten in aller Regel zu groß – halten länger, wenn man sie mit transparenter Buchfolie (aus dem Schreibwarengeschäft) beklebt. Beschriftet werden sie mit wasserfesten Folienstiften, denn die wasserlöslichen werden bereits durch Handschweiß verwischt. Wasserfesten Stiften kann man mit einfachen Lösungsmitteln wie Alkohol oder Mückenmitteln zu Leibe rücken. Sind die Landkarten zu unhandlich, schneidet man die Legende ab.

Schichtung: Zunder, streichholzdicke, dünne und daumendicke Hölzer.

458 Jagdreise mit Gartenschlauch

Mit einem Stück Gartenschlauch lassen sich die Enden des Hirschgeweihs für den Transport schützen und „entschärfen". Im Reisegepäck sollten ein paar Schlauchabschnitte daher nicht fehlen. Auf die Geweihenden gestülpt, bewahren sie die Trophäe vor Transportschäden.

459 Kann man's noch essen?

Schreibt man auf die Lebensmittelpackungen in der Jagdhütte mit einem Filzstift deutlich das Einkaufsdatum, weiß man immer, was zuerst verbraucht werden sollte, ohne mühsam die kleinen Mindest-Haltbarkeits-Aufdrucke suchen zu müssen.

460 Keine quietschenden Scharniere

Um quietschende oder schwergängige Scharniere z. B. von Hochsitztüren oder Jagdhüttenfenstern zu behandeln, nehme man einen einfachen Bleistift, reibe mit seiner Spitze die Scharniere gut ein und alles läuft wieder wie geschmiert.

Eine mobile Festplatte für das Speichern von Erinnerungsfotos.

461 Keine verlorenen Erinnerungsfotos mehr

Wertvolle Erinnerungsfotos kann man nicht oft genug sichern. Am besten werden sie bei erster Gelegenheit per Mail oder anderweitiger Datenübertragung nach Hause gesendet. Ist das nicht möglich, sichert man sie auf mobilen und handlichen Festplatten. Doppelt gemoppelt hält aber besser: Nehmen Sie genug Speicherkarten mit und überschreiben Sie sie nicht! Eine „lies-mich"-Datei mit Ihrer Anschrift hilft einem Finder, die Speicherkarte zuzuordnen.

462 Klare Sicht und warmes Licht

Petroleumlampen erzeugen ein angenehmes Licht in der Jagdhütte, sind aber unangenehme Luftverschmutzer, wenn sie qualmen. Sie müssen deshalb richtig eingestellt werden. Zünden Sie den Docht an und drehen Sie ihn so weit zurück, bis die Flamme gerade nicht mehr rußt. Dann warten Sie fünf Minuten, die Lampe hat sich erwärmt und zieht vorgewärmte Luft aus den beiden Säulen an die Flamme. Dadurch wird diese wieder größer und beginnt erneut zu rußen. Jetzt drehen Sie die Flamme noch einmal zurück, das Licht ist maximal hell und die Laterne verrußt nicht.

463 Kleider und Schuh – trocknen im Nu

In einsamen Jagdhütten Skandinaviens findet man ihn oft: den raumsparenden und gewebeschonenden Kleidertrockner. Ein Holzrahmen aus vier ungefähr ein Meter langen Brettern, Leisten oder dünnen Stangen wird mit Maschendraht bespannt. Dieser „Drahttisch" hängt über dem Ofen an der Decke, das Abzugsrohr führt durch seine Mitte. Feuchte Kleidung oder durchnässte Schuhe werden auf den Draht gelegt bzw. an den Rand gehängt und trocknen in kurzer Zeit in der warmen, zirkulierenden Luft über dem Ofen und zu weit von ihm entfernt, um durch Hitze brüchig zu werden.

464 Länger kalt

Haben Sie auf einer Jagdreise das Cape der Beute vorbereitet, um es dem Präparator auszuhändigen, frieren Sie es ein und verstauen es kurz vor der Rückreise zwischen Ihrem Gepäck, evtl. im Schlafsack (Achtung: Zollbestimmungen beachten!). So dauert es bis zum Auftauen einige Stunden länger und bleibt auf kürzeren Reisen sogar hart gefroren. Präparationsware nimmt keinen Schaden, wenn sie mehrfach wieder eingefroren wird.

465 Klemmende Fenster

Wenn bei feuchtem Wetter die Jagdhüttenfenster klemmen, ist es ratsam, sie nicht sofort abzuhobeln oder abzuschmirgeln, sondern die Reibungsflächen erst mit Wachs, Seife oder Fett einzureiben. Müssen gequollene oder verzogene Flächen dann doch entfernt werden, bestreicht man die Kanten mit Kreide und schließt das Fenster. Überstehende Teile des Fensterrahmens werden durch Abrieb markiert und lassen sich entsprechend abschmirgeln.

466 Korkenzieher muss nicht sein

Nehmen Sie als Korkenzieher-Ersatz eine große Schraube, an deren Kopf ein starker Bindfaden befestigt ist. Sie wird in den Korken gedreht, dann zieht man kräftig am Faden und an der Schraube – Prost!

467 Kleidung vakuumieren

Nicht nur beim Einfrieren von Wildbret leistet ein Vakuumiergerät gute Dienste, auch bei der Vorbereitung einer Jagdreise. Vakuumverpackt sind die einzelnen Kleidungspakete wasserdicht, vor Mottenfraß geschützt, außerdem sinkt das Packmaß beträchtlich.

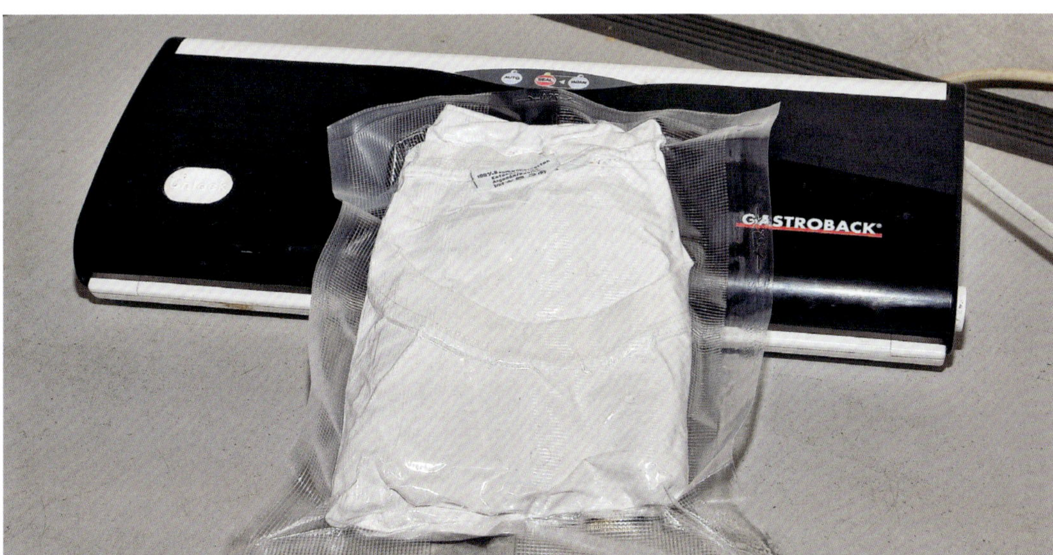

Vakuumierte Kleidungsstücke sind vor Feuchtigkeit geschützt.

468 Licht im Lager

Für das Jagdcamp gibt es besondere Lampen, die ein diffuses Licht verbreiten und zum Ausleuchten von Zelten oder Hütten besser geeignet sind als die Taschenlampen, die ein gebündeltes Licht produzieren und nur dort alles erhellen, wo sie hinstrahlen. Das diffuse Licht ist aber wesentlich praktischer und ähnelt dem einer Petroleumlampe. In diesem Licht kann man am Tisch auch essen und lesen.

469 Passt die Kleidung?

Vor einer Jagdreise sollte man mit der Kleidung, die man zu tragen gedenkt, auf den Schießstand und im heimischen Revier zur Jagd gehen. Erstaunlich, wie schlecht der Schaft passt, wenn man statt der Lodenjoppe oder Schießweste ein leichtes Tropenhemd für die Afrikareise oder dicke Kleidung für die Schwedentour auf Elch im Winter trägt.

470 Rauchkiller

Ist die Jagdhütte nach einem feuchtfröhlichen Abend durch Zigaretten- oder Zigarrenrauch unangenehm verqualmt, verwirbelt man bei geöffneten Fenstern die Raumluft mit einem in Essigwasser getränkten Handtuch. Rasch sind die den Wänden und Gegenständen anhaftenden Geruchsteilchen verflogen.

Mit dieser Lampe kann man am Tisch sitzend essen und lesen.

Klassische Petroleumlampen verbreiten diffuses Licht.

471 Proviant trocken aufbewahrt

Für Proviant – auch in der Jagdhütte – haben sich Plastik-Weithalskanister bewährt. Mehl, Kaffee, Haferflocken etc. werden darin trocken und sicher vor „Mitessern“ untergebracht. Die Kanister sind im Laborbedarfshandel in verschiedenen Größen erhältlich.

Weithalskanister sind bewährte Aufbewahrungsbehälter.

472 Reflektierte Wärme

Wird eine Metallfolie (mit doppelseitigem Klebeband) hinter den Ofen geklebt, reflektiert sie die Wärme in den Raum hinein, sodass die Heizung besser genutzt wird.

473 Regelmäßiges Listen-Update

Deponieren Sie vor Antritt einer Jagdreise eine Ausrüstungs-Checkliste im Waffenschrank. Nach der Reise ergänzen und aktualisieren Sie die Liste, solange die Erinnerung noch frisch ist. So wird festgehalten, was fehlte und – fast wichtiger – was überflüssig war und beim nächsten Mal zuhause bleiben kann.

474 Rußfreier Hüttenofen

Wirft man in das brennende Ofenfeuer eine Handvoll frischer Kartoffelschalen und schließt die Ofentür, lösen die Dämpfe der ausgebratenen Schalen den Ruß und entfernen ihn durch den Schornstein.

475 Zeitung gegen Kälte

Aufsteigende Kälte wird gedämpft, wenn man einige Lagen Zeitungspapier unter den Teppich legt – keine kalten Füße mehr in der Jagdhütte!

476 Aschenbecher windsicher

Stülpt man einen leeren Blumentopf über einen Aschenbecher, kann man die Asche durch das „Abflussloch“ hineinwerfen und sie wird nicht fortgeweht.

Schloss an der Schienenverlängerung des Greener-Verschlusses.

477 Kühlakkus selbstgemacht

Unzerbrechliche Plastikflaschen eignen sich gut als preiswerte Feldflaschen. Im Sommer kann man sie aber auch zu drei Vierteln füllen und durch Einfrieren zu billigen Kühlakkus umfunktionieren. Ist das Wasser geschmolzen, kann es getrunken werden.

478 Kerzen einstielen

Wollen Kerzen partout nicht in den vorgesehenen Ständer passen, taucht man ihr unteres Ende in heißes Wasser. Danach lassen sie sich problemlos einpassen, wenn nicht gerade eine Kommunionskerze in den Halter für eine Weihnachtsbaumkerze gesteckt werden soll.

479 Waffen auf Reisen sichern

Im Hotel lässt sich ein Repetierer mit einer Kette und einem Sicherheitsschloss sicher befestigen. Die Kette zieht man aber nicht durch den leicht abzuschraubenden Abzugsbügel, sondern, nachdem Kammer und Magazin entfernt worden sind, durch das System. Das Laufbündel von Kipplaufwaffen lässt sich einfach an der Aussparung für den Querriegel anketten, oder die Kette wird durch einen der Schrotläufe geführt. Das andere Ende wird an einem Heizungsrohr befestigt.

480 Wettersichere Unterkunft

Für alle Ausrüstungsgegenstände gilt: je universeller, desto wertvoller. Warum nicht einen Poncho auch als Zelt benutzen? Mit einer Fahrradspinne und einer Schnur wird aus dem Umhang ein Regen- und Wetterschutz, der stärkstem Sturm standhält. Mein „Luxusquartier“ besteht aus einem Tarp (englisch für Zeltbahn), ist aus Ripstop-Nylon und in Woodland-Tarnmuster gehalten. Der Fachhandel bietet Zeltbahnen in verschiedenen Formen und Farben an. In den First ist ein einzölliges Gurtband mit Fastexschnallen eingenäht. Die Vorbereitungen für die Nacht beginnen bei Tageslicht. Das Dach über dem Bett entsteht, indem ich das Tarp zwischen zwei Bäume spanne, das Kopfteil etwa einen und das Fußende einen halben Meter hoch. Mithilfe der Fastexschnallen zurre ich die Firstleine stramm. Die Ecken der Zeltbahn werden mit den Gummis der Gepäckspinne und je einem Kunststoffhering gespannt und auf der Erde befestigt. Damit ist das Nest fertig und kann bezogen werden – genauso schnell lässt es sich auch wieder abbauen. Schiebt man das Gepäck auf die Windseite

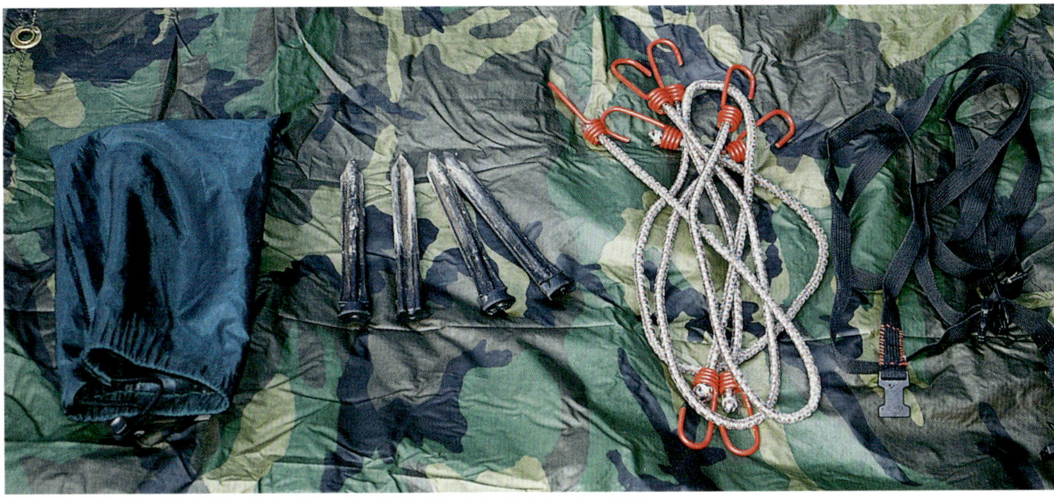

Gepäckspinne, Kunststoffheringe, Gurtband mit Fastex-Schnallen

oder befestigt die Plane direkt auf der Erde, wird Zugluft ausgesperrt. Gelangt Wasser unter das Zeltdach, gräbt man einen Graben, der es aufnimmt und versickern lässt. Bequemes Arbeiten unter dem Zelt – z. B. Bettmachen – ist möglich, wenn man eine oder zwei Ecken der Zeltbahn aushängt und eine Planenseite hochschlägt. Auch kochen kann man unter dem Zelt, wenn es hoch genug aufgespannt wurde. Unter so einem Tarp kann ich die Natur spüren, riechen, hören und sehen. Einen Nachteil möchte ich nicht verschweigen: Mücken, Spinnen & Co. kommen ungebremst in den Schlafsack.

Die Zeltbahn wird aufgespannt, am Fußende tiefer als am Kopfende.

ALLERLEI FÜR DIE JAGD

ALLERLEI TIPPS – PRAKTISCH FÜR DIE JAGD

Und zum Schluss: Eine kleine Sammlung alter sowie neuer Hinweise, Erkenntnisse und Erfahrungen, Anregungen und Vorschläge, die alten Hasen und jungen Dachsen erfolgreiches Jagen erleichtern. Waidmannsheil!

481 Abwechslung auf dem Ansitz

Stundenlang auf dem Ansitz gewesen und kaum etwas gesehen? Dem kann man abhelfen und sich Anblick verschaffen, indem man vor dem Hochsitz mit einigen Meisenknödeln „kirrt". Die gefiederten kleinen Freunde sind schnell zur Stelle und bieten Abwechslung. So eine „Fütterung" hat zudem eine positive Wirkung auf Nichtjäger.

482 Auspflocken der Schützenstände

Zum Markieren der Schützenstände eignen sich leichte, nur bleistiftdicke Bambusstäbe. Sie werden an einem Ende mit Leuchtfarbe gestrichen und lassen sich mit der Hand auch in feste Böden drücken.

483 Der Harken-Haken

Aus einer Harke, vorzugsweise einem Holzrechen, lässt sich ein stilvoller Garderobenhaken für die Jagdhütte basteln. Mit etwas Leinöl oder Antikwachs behandelt, anschließend mit zwei Bohrungen an der Wand befestigt, ist er nicht nur ein praktischer Helfer, der für Ordnung sorgt. Er wird gewiss auch die wohlwollenden Blicke der Besucher auf sich ziehen.

484 Die Sache mit dem weiten Schuss

Ein weiter Schuss darf nie in der Faulheit oder Unfähigkeit, sich einem Stück Wild auf gerechte Entfernung zu nähern, begründet sein. Der Unterschied zwischen Waidmann und Kunstschütze ist die Ehrfurcht vor der Kreatur!

Eine ausgediente Harke ist ein praktischer Wandhalter.

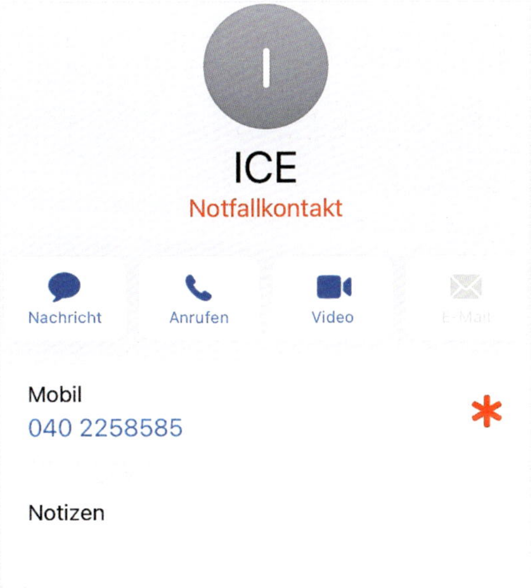

ICE: Der international gültige Code für eine Notfallnummer.

485 Erst Knall, dann Klingel

Patronen haben die Eigenschaft, beim Schuss laut zu knallen. Anschließend lassen sich aus leeren Hülsen aber wunderschön klingende Mobiles als zünftige Klingel für die Tür der Jagdhütte anfertigen. Ein Loch in die Hülsenböden bohren, eine Schnur hindurchfädeln, einen Knoten als Stopper binden, an einem Holz über der Türöffnung befestigen und fertig ist die Haustürklingel.

486 Gestank ade!

Kommt man auf der Jagd mit üblen Gerüchen in Berührung, sei es auf dem Luderplatz oder bei der Beseitigung von Fallwild, kann empfindlichen Nasen geholfen werden: Im Baumarkt beschafft man sich eine Einwegmaske, auf die man Pfefferminz- oder Eukalyptusöl (in der Apotheke erhältlich) träufelt. Dieser Mund- und Nasenschutz überdeckt den stärksten Geruch.

487 Handy programmieren für den Notfall

Mobiltelefone sind auch im Jagdbetrieb kaum wegzudenken. Sie sollten dort Hausarzt und Tierarzt einprogrammieren. Noch wichtiger ist die Person, die im Notfall angerufen werden soll. Daher sollten Sie eine Person „ICE“ einprogrammieren. ICE heißt „In case of emergency“ und wird international verstanden, falls Ihr Telefon keine Kategorie für Personen vorsieht, die im Notfall benachrichtigt werden sollen.

Ein Knicklicht spendet stundenlang phosphoreszierendes Licht.

488 Knicklichter weisen den Weg

Zum Markieren bestimmter Stellen in der Dunkelheit (Beispielsweise den Anschuss oder den versteckten Pirschpfad) eignen sich sogenannte Knicklichter, wie sie im Angelgeschäft angeboten werden. Ihren Namen haben diese praktischen Helfer, weil sie nach dem Abknicken über Stunden ein phosphoreszierendes Licht abgeben.

489 Kronkorken-Schuhe

Damit die Beine der Holzmöbel vor der Jagdhütte, wenn sie das ganze Jahr hindurch draußen stehen, nicht faulen, nagelt man Kronkorken darunter. So stehen Tisch und Stühle im Trockenen.

Einen Hammer in Leuchtfarbe findet man leicht wieder.

490 Leuchtfarbe erspart Sucherei

Bei Revierarbeiten verschwindet so manches Werkzeug im hohen Gras oder in lockerer Laubspreu. Wenn man das Gerät vorher auffällig als persönliches Eigentum kennzeichnet, bleibt einem manche Sucherei erspart. Im Autobedarfshandel sind Spraydosen mit Leuchtfarbe erhältlich. Mit ihr werden alle Werkzeuge eingesprüht. Wenn sich nach einiger Zeit die Farbe abgenutzt hat, wiederholt man die Behandlung.

Ein Kronkorken hebt jedes Stuhlbein aus der Nässe.

Die Plastikpatronenhalter können mehr als nur Patronen halten.

491 Ordnung in der Hüttenwerkstatt

Manche Munitionshersteller liefern ihre Produkte in einer Schachtel mit Plastikhaltern. Diese Halter, über der Werkbank an die Wand geschraubt, eignen sich, um Schraubendreher oder Putzstöcke unterzubringen.

492 Schonende Schläge

Um Zaunpfähle in den Boden zu rammen, empfiehlt es sich, zum Schutz des Holzes einen ausgedienten Kochtopf darüber zu stülpen und auf diesen zu schlagen. So wird der Pfahl nicht ausfransen. Eine stabile Konservendose erfüllt den gleichen Zweck.

Ein ausgedienter Kochtopf schützt den Holzpfahl.

493 Schutz vor ungebetenen Besuchern

In von Spaziergängern, Hundefreunden, Dauerläufern und anderen „Naturnutzern“ stark heimgesuchten Revieren sollten Pirschsteige nicht an viel begangenen Wegen, sondern erst fünf oder zehn Meter davon entfernt beginnen, damit sie nicht von Erholungssuchenden gesehen werden. Eine weitere Möglichkeit besteht darin, sie nach wenigen Metern in einer starken Biegung „verschwinden“ lassen, um sie „unsichtbar“ zu machen.

494 Schweiß am Anschuss?

Auf buntem Laub oder dunkler Nadelspreu ist es mitunter für das menschliche Auge fast aussichtslos, Schweiß zu entdecken. Kennt man die ungefähre Stelle des Anschusses, kann man mit einem weißen Taschentuch über den Boden wischen. Der feuchte Schweiß wird vom Tuch aufgesogen und färbt es rot.

495 Schwingen als Handfeger

Von erlegtem Flugwild trennt man die Schwingen ab und trocknet sie an einem luftigen Platz. Sie eignen sich hervorragend, um Staub von den Möbeln zu wischen, Hobelspäne von der Werkbank zu fegen, Maisreste aus dem Kofferraum zu kehren und vieles mehr …

Entenschwingen sind genauso gut wie Handfeger.

496 Seife im Socken

Fehlt vor der Jagdhütte die Möglichkeit zum Händewaschen oder die Seife ist glitschig beziehungsweise schmuddelig, hängt man sie tunlichst in einen Damenstrumpf aus Nylon neben den Wassereimer oder über das Becken. Sie behält auch durch den Stoff ihre Reinigungswirkung, trocknet schnell wieder und bleibt sauber.

Eine Seife im Strumpf trocknet schnell und bleibt sauber.

497 Sicher ist sicher

Zur eigenen Sicherheit sollte man immer eine Information hinterlassen, wo man jagt. Eine Möglichkeit ist die Revierkarte am Waffenschrank, auf der man mit einem Magneten den Hochsitz markiert. Auf der Jagdhütte, zu der mehrere Jäger Zutritt haben, sollte man ein Hüttenbuch führen. Auch hier bieten sich eine Revierkarte und eine kurze Nachricht an, so wird man nicht von Mitjägern gestört, die denselben Hochsitz benutzen wollen. Und wenn man nicht zurückkommt, können besorgte Angehörige gleich auf dem richtigen Stand suchen.

Ein Hüttenbuch für die Dokumentation: Wer war wann hier?

Steine einbinden: So lässt sich die Plane gut befestigen.

498 Simple Planenbefestigung

Plastikplanen helfen dabei, im Revier etwas vor Niederschlägen zu schützen. Zum Befestigen eignen sich kirschgroße Kiesel, die man in die Ecken der Plane einbindet und an die Seile knotet. Um das Ganze elastisch zu machen – der Wind hat dann nicht so leichtes Spiel – schneidet man aus dem Schlauch eines Autoreifens Ringe, die zwischen Plane und Hering geknotet werden.

499 Stilvoller Gewehrständer

Gehörne (von Fallwild) lassen sich zu stilvollen Gewehrständern in der Jagdhütte umfunktionieren. In entsprechender Höhe an die Wand geschraubt, geben sie den Gewehren festen Halt.

500 Immer trockenes Werkzeug

Legt man ein Stück Kreide, Holzkohle oder Mottenkugeln in den Werkzeugkasten, wird die Feuchtigkeit absorbiert und das Werkzeug vor Rost geschützt.

501 Treiberstock selbst gemacht

Zu jedem Treiber gehört ein Treiberstock. Nicht nur, um damit „auf den Busch zu klopfen", sondern auch, um Hasen und Kaninchen schnell und schmerzlos mit einem Schlag hinter die Löffel töten zu können. Ideal sind dafür Haselnuss und Schlehe (Schwarzdorn). Die Schlehe war ihrer Härte und Dauerhaftigkeit wegen in früheren Zeiten der Wanderstab der Studenten und fahrenden Handwerksgesellen. Besonders schön sind die Stücke mit vielen Stacheln. Nach dem vorsichtigen Glätten der rauen Rinde mit feinem Sandpapier und dem Einreiben mit Schaftöl erscheinen sie als dekorative Beulen. Geschnitten werden Hasel und Schlehe im Winter und dann ein Jahr lang im Schatten getrocknet.

SERVICE

DIE AUTOREN

Publizist **Gert G. von Harling**, Jahrgang 1945, ist seit mehr als fünf Jahrzehnten Jäger und versierter Praktiker. Er hat in nahezu allen Teilen der Erde gejagt. Der meistgelesene Jagdbuchautor des deutschsprachigen Raums und Kulturpreisträger des Deutschen Jagdverbandes hat über 80 jagdliche Fachbücher und erzählende Werke verfasst und war an vielen weiteren Büchern als Autor oder Mitarbeiter beteiligt. Darüber hinaus hat er zahlreiche Jagdvideos veröffentlicht. Verschiedene seiner Werke wurden in mehrere Sprachen übersetzt, zahlreiche erschienen im Kosmos Verlag.
Mehr zum Autor erfahrene Sie unter www.vonharling-jagd.de.

Diplombiologe **Carsten Bothe**, Jahrgang 1966, jagt seit über 30 Jahren und ist Experte in Outdoor-Fragen. Mit der Gründung von VENATUS, einem Unternehmen für Jagd- und Outdoor-Bedarf, machte er seine Leidenschaften zum Beruf. Carsten Bothe ist als Autor bekannt und hat unter anderem das im Kosmos Verlag erschienenen Buch „Messer schärfen wie die Profis" verfasst.
Mehr zum Autor erfahren Sie unter www.carstenbothe.de.

ZUM WEITERLESEN

Walter Bachmann, Rolf Roosen: Praxishandbuch Jagd
Die Jagd von A bis Z – praxisorientiert, kompakt und einzigartig in Informationstiefe und Ausstattung. Das konkurrenzlos umfassende und reich bebilderte Nachschlagewerk informiert über Schalenwild, Niederwild, Jagd- und Revierpraxis, Jagdhundewesen, Jagdwaffen, Optik und vieles mehr. Jagdscheinanwärter, Jungjäger und erfahrene Waidmänner und -frauen finden hier alles, was sie über Wild, Hege und Jagdpraxis wissen müssen.
Kosmos, 656 S., 8565 Fotos, 167 Zeichnungen

Carsten Bothe: Messer schärfen wie die Profis
Einmal stumpf geworden, nutzt das beste Messer nichts mehr. Messer wollen regelmäßig gepflegt und sachkundig geschärft werden – doch wer weiß schon, wie das wirklich funktioniert?
Das vollständig aktualisierte und umfassend erweiterte Erfolgsbuch von Carsten Bothe informiert über die Besonderheiten von Messerklingen, stellt geeignete Schleifwerkzeuge vor und erläutert die richtige Schärftechnik.
Außerdem wird das sachkundige Schleifen von Äxten, Scheren und Werkzeugen behandelt.
Schärfen wie ein Profi – mit diesen Tipps kann es wirklich jeder!
Kosmos, 104 S., 120 Farbfotos, 22 Zeichnungen

Hans-Joachim Borngräber: Die Schweißarbeit
Die Nachsuche verletzten Wildes mit dem Hund ist ein Gebot des Tierschutzes und der jagdlichen Ethik. Die Schweißarbeit zählt zu den schwierigsten Aufgaben des Jagdhundes und setzt dessen gründliche Ausbildung voraus.
Der ausgewiesene Nachsuchen-Experte Hans-Joachim Borngräber beschreibt in diesem Standardwerk die schrittweise Ausbildung des jungen Jagdgebrauchshundes zum perfekten Schweißhund. Eingehend stellt er dabei die Einarbeitung des Hundes mit dem Fährtenschuh. Umfassend und mit einem unvergleichlichen Erfahrungsschatz vermittelt der Autor, auch anhand von Beispielen aus der eigenen Arbeit, worauf es bei der Schweißarbeit in der rauen und immer wieder anders verlaufenden Praxis ankommt.
Kosmos, 336 S., 368 Abbildungen

Andreas David: Fährten- und Spurenkunde
Das Lesen von Trittsiegeln, Fährten und Spurbildern gehört ebenso zum Handwerk des Jägers wie das Erkennen von Losung, Fraßbildern und anderen Wildzeichen. Der erfahrene Wildbiologie Andreas David hat den jahrzehntelang erfolgreichen Buchklassiker „Fährten und Spurenkunde“ nach aktuellen Erkenntnissen und reichhaltig bebildert neu verfasst.
Kosmos, 120 S., 102 Farb- und 2 Schwarzweißfotos

Anton Fichtlmeier, Julia Numßen: Die Ausbildung des Jagdhundes
„Jagen ohne Hund ist Schund“, besagt ein altes Jägersprichwort. Unter heutigen Anforderungen waid- und tierschutzgerechten Jagens ist dieser Satz gültiger denn je. Zwei Experten stehen mit ihren Namen für erfolgreiche und zeitgemäße Jagdhundausbildung. Leicht nachvollziehbar informieren sie über den Weg des Jagdhundes von der Früherziehung des Welpen und Junghundes bis zum vielseitig einsetzbaren Jagdhelfer, auf den bei Prüfungen und in der Praxis Verlass ist.
Kosmos, 256 S., 300 Farbabbildungen

Norbert Happ: Hege und Bejagung des Schwarzwildes
Kaum eine Wildart hat sich in Deutschland und ganz Mitteleuropa so rasant entwickelt wie das Schwarzwild. Forstmann Norbert Happ, führender Schwarzwildexperte Deutschlands, informiert in der vollständig aktualisierten Neuausgabe seines Standardwerkes über alle Aspekte zeitgemäßer Schwarzwildbewirtschaftung. Empfohlen von „Wild und Hund".
Kosmos, 224 S., 179 Abbildungen

Norbert Klups: Jagdwaffenkunde
Der bewährte Ratgeber für Jagdscheinanwärter, Jungjäger und erfahrene Jäger! Der bekannte Experte Norbert Klups informiert über Büchsen, Flinten und kombinierte Jagdwaffen sowie über Munition, Zieloptik und Zielfernrohrmontagen. Ausführlich und aktuell behandelt das Buch jetzt auch bleifreie Geschosse mit ihren Vor- und Nachteilen. Wertvolle Tipps zum Einschießen der Waffe, zur Pflege und zum Gebrauchtwaffenkauf machen das Buch unverzichtbar für jeden Jäger. Empfohlen von „Deutsche Jagdzeitung".
Kosmos, 144 S., 125 Farbfotos, 20 Zeichnungen

Stefan Mayer, Hubert Kapp: Schuss und Anschuss
Im deutschsprachigen Raum werden jährlich etwa 3,7 Millionen Schüsse auf Schalenwild abgegeben. Werden Tiere mitunter verfehlt oder gar verletzt, kommt es auf den Jäger an: Nur sein korrektes Verhalten am sogenannten Anschuss und seine richtigen Entscheidungen können unnötige Leiden des Tieres verhindern und wertvolles Wildbret vor dem Verderben bewahren. Wie er dabei vorgehen und welche Fehler er vermeiden muss, erläutern versierte Profis in diesem Buch. Der unverzichtbare Praxisratgeber für den Jagdalltag, für waid- und tierschutzgerechte Jagd! Empfohlen von „Wild und Hund".
Kosmos, 176 S., 217 Farbfotos, 21 Zeichnungen

Hans-Jürgen Markmann: Vom Welpen zum Jagdhelfer
Hans-Jürgen Markmanns „Vom Welpen zum Jagdhelfer" steht seit vielen Jahren für erfolgreiche, weil artgerechte Jagdhundausbildung. Schritt für Schritt und mit zahlreichen anschaulichen Fotos beschreibt der renommierte Autor, wie der Ausbildungsweg vom Welpen bis zum fertig ausgebildeten, zuverlässigen Jagdhelfer aussieht!
Kosmos, 240 S., 329 Farbfotos

Siegfried Seibt: Die Jägerprüfung in Frage und Antwort
Nach verschiedenen Änderungen der jagdrelevanten Gesetzgebung und des Waffenrechts legt Siegfried Seib kurz nach Neuerscheinen seines Standardwerks „Grundwissen Jägerprüfung" auch eine Neuausgabe seines Prüfungsfragenbuchs vor. Mehr als 2.500 Fragen aus allen Sachgebieten im Multiple-Choice-Verfahren, die im „Grünen Abitur" der Bundesländer gestellt werden können – natürlich mit den richtigen Lösungen! Ideal zur Überprüfung des Lernfortschritts und zur Vorbereitung auf die schriftliche Prüfung!
Kosmos, 280 S.

Siegfried Seibt: Grundwissen Jägerprüfung
Das didaktisch überzeugende Standardwerk zur Vorbereitung auf den Jagdschein – jetzt aktualisiert, in neuer Gestaltung und um zahlreiche Abbildungen ergänzt. Das Buch bietet einen praktischen Überblick zu allen prüfungsrelevanten Themen. Von Prüflingen geschätzt werden vor allem die kompakte Darstellung des Prüfungsstoffs, die umfangreiche Bebilderung und die ergänzenden Tipps für erfolgreiches und stressfreies Lernen. Empfohlen von „Wild und Hund".
Kosmos, 552 S., über 800 Farbfotos, 170 Zeichnungen

Uwe Tabel: Auf der Schweißfährte
Die Nachsuche von krankem Wild ist ein tierschutzrechtliches Gebot und die Schweißarbeit zählt zu den anspruchsvollsten Aufgaben eines Jagdhundes. Mit der richtigen Ausbildung bewältigt sie auch der vielseitig eingesetzte Vollgebrauchshund. Dazu muss der Junghund konsequent auf Übungsfährten eingearbeitet werden, um dann im späteren Jagdalltag auf der natürlichen Wundfährte Praxisreife zu erreichen. Wie das gelingt, zeigt einer der renommiertesten Vollgebrauchshunde-Ausbilder Deutschlands in dieser Neuausgabe seines Standardwerks.
Kosmos, 144 Seiten, 104 Farbfotos

Gert G. von Harling: Jagen gegen den Wind
Gert G. von Harling blickt auf ein ungewöhnliches Leben als jagender Weltenbummler zurück. Lange Zeit hat er in Afrika und Neuseeland verbracht, eindrucksvolle Jagd erlebt und Erfahrungen gesammelt, von denen viele seiner Leser träumen. In diesem Buch lässt der Globetrotter sein Jägerleben Revue passieren. Fasziniert begleitet man ihn auf allen biografischen Stationen von der Kindheit bis in die Gegenwart und lässt sich begeistern von seinen außergewöhnlichen, einmalig fesselnd erzählten Jagderlebnissen rund um den Globus.
Kosmos, 288 S., 30 Fotos

REGISTER

Bildnachweis

Mit 244 Fotos von Adobe Stock (10: Aurélien PAPA, S. 182-183; bergringfoto S. 4-5, S. 108 re.; Patrick Daxenbichler, S. 66 o.; Hale M. Kale, S. 158-159; murmakova, S. 68-69; Kristina Pawlowa, S. 91 o.; rodimov-pavel, S. 63 u.; Sandra, S. 98 re.; zorandim75, S. 34-35), Jens Kollmorgen (1: S. 14 o.), Markus Lück (5: S. 79, 117 u., 122 re.), Ekkehard Ophoven (21: S. 16, 20 u., 27 o., 29 o., 55, 57 u., 59 o., 72, 97, 98 o., 99 u., 101 u., 102 u., 104, 105, 108 li., 114, 118, 120, 121, 156), Karl-Heinz Vollmar (4: S. 14 o., 115 135 o., 137 li), Jens Westphalen (1: S. 82), alle anderen Fotos sind von den Verfassern.

Mit 19 Zeichnungen von den Verfassern (5: Seite 10, 48, 52, 91) sowie von Birte Keil (14: Seite 28, 33, 71, 87, 119, 130, 133, 136).

Impressum

Umschlaggestaltung von Jorge Schmidt unter Verwendung von 10 Fotos von Adobe Stock (6): alexxx81 (Rückseite), Azaliya (Innenklappe hinten unten), bergringfoto (Innenklappe vorn oben), bridgephotography (Außenklappe hinten), scharfsinn86 (Innenklappe vorn links), Valeri Vatel (Innenklappe hinten oben), Carsten Bothe (3: Außenklappe hinten, Innenklappe vorn unten rechts) und Johannes Raidhof (Vorderseite).

Mit 244 Farbfotos und 19 Illustrationen

Gedruckt auf chlorfrei gebleichtem Papier

MIX Papier | Fördert gute Waldnutzung FSC® C110508

Pfizerstraße 5–7, 70184 Stuttgart
kosmos.de/servicecenter

ISBN 978-3-440-17486-9
Redaktion: Gudrun Braun
Gestaltung und Satz: DOPPELPUNKT, Stuttgart
Produktion: Angela List
Druck und Bindung: Westermann Druck Zwickau GmbH
Printed in Germany / Imprimé en Allemagne